扬州园林文化丛书

赵御龙⊙主编

许少飞⊙著

扬州园林小史

广陵书社

图书在版编目（ＣＩＰ）数据

扬州园林小史 / 许少飞著. -- 扬州 ：广陵书社，
2018.9
（扬州园林文化丛书 / 赵御龙主编）
ISBN 978-7-5554-1077-5

Ⅰ．①扬… Ⅱ．①许… Ⅲ．①古典园林－建筑史－扬
州 Ⅳ．①TU-098.42

中国版本图书馆CIP数据核字(2018)第206720号

丛 书 名	扬州园林文化丛书
丛书主编	赵御龙

书　　名	扬州园林小史
著　　者	许少飞
责任编辑	严　岚
出版发行	广陵书社
	扬州市维扬路 349 号　　　邮编　225009
	http：//www.yzglpub.com　E-mail：yzglss@163.com
印　　刷	无锡市极光印务有限公司
装　　订	无锡市西新印刷有限公司
开　　本	880 毫米 ×1230 毫米　1/32
印　　张	7.875
字　　数	180 千字
版　　次	2018 年 9 月第 1 版第 1 次印刷
标准书号	ISBN 978-7-5554-1077-5
定　　价	48.00 元

序

    扬州自古为园林名城,园林建造历史悠久,技艺精湛,名园众多。南朝刘宋时期,扬州已有建造"风亭、月观、吹台、琴室"的明确记载。唐代诗人描写扬州"园林多是宅,车马少于船"的诗句,脍炙人口,展现了当时私家园林的兴盛。明清时期,扬州商业经济发达,城市繁华,盐商文士,竞造园林,亭台楼阁,鳞次栉比,一时有"园林之盛,甲于天下"之美誉。明末造园名家计成曾居于扬州,精心构造园林,并完成名著《园冶》的创作。乾嘉间郡人李斗《扬州画舫录》一书的问世,为扬州园林留下了极为丰富、宝贵的资料,至今仍具有重要借鉴参考价值,为人称赏。

    今天的扬州,历史名园有序修葺,城市公园次第兴建,文化活动丰富多彩,城园一体,环境幽雅,生机盎然,已成为国家园林城市的典范、宜居之城的样本,在国内外享有盛誉。2018年9—10月,第十届江苏省园艺博览会即将在扬州举办,2021年,世界园艺博览会也将在扬州举行,两大高规格的园林盛会先后落户扬州,标志着扬州园林得到世人认可,迎来发展良机。为迎接盛会,扬州秉持"绿色城市,健康生活"的理念,正全力推进各项工作,力求全面展示扬州灿烂的历史文化、优美的人居环境和良好的精神面貌。

为介绍扬州独特的历史文化和精致的园林风貌，扬州市园林管理局和广陵书社竭诚合作，特编辑出版《扬州园林文化丛书》。

本丛书首推四种，分别是《扬州园林小史》《扬州园林楹联》《扬州园林文萃》《扬州园林图集》。

《扬州园林小史》以朝代为经，以各朝代表性的名园为纬，简要介绍扬州园林发展历史，并总结各时期园林特点。《扬州园林楹联》收录扬州园林名胜楹联234副，按景归类，对楹联的背景、方位、内容等进行赏析。《扬州园林文萃》精选历代文人关于扬州园林的园记、游记、散文等名作，为读者提供导游之便、访古之趣。《扬州园林图集》搜集大量有关扬州名胜园林的版画图册，从中萃取富有价值的画作152幅，适当附注，酌配历代歌咏扬州的诗词，以收图文并美之功效。

相信《扬州园林文化丛书》的出版，对于总结、传承扬州园林文化，将起到一定的推动作用。

赵御龙

2018 年 8 月

目录

引　言

一个城市的园林，一般说来，是一个城市经济文化发展的产物。扬州园林两千多年的历史走向，大体上总是与扬州经济文化发展的脉络相一致的。扬州初盛于汉，复盛于唐，再盛于清；扬州园林的初始、发展和兴盛，也大抵如此。

根据大量的史籍文献、地方志乘、诗文笔记等等，来梳理、研究扬州园林文化发展的状况，西汉至南北朝应视为扬州园林的起始时期，在这长达六七百年的历史中搜索，吴王（刘濞）的宫苑，徐湛之构筑的风亭、月观、吹台、琴室，以及建于蜀冈中峰的大明寺，则是当时有一定规模的藩王林苑、官府园林和寺庙园林。扬州园林的发展时期，为隋唐宋元四朝。隋唐为发展的前期：大业年间炀帝在扬州建江都宫、临江宫、长阜苑十宫和隋苑，唐代始见郡圃及官筑的一些亭榭游乐地与众多的寺院园林，都是此阶段园林存在的实证。而私家园林的兴起，则是本阶段园林发展的显著标志。宋元两代为发展的后期。有趣的是：宋代官筑园林较多，如扬州郡圃、真州东园、平山堂、众乐园、文游台、万花园，特别是贾似道修筑的郡圃具有一定的规模。宋代民间筑园甚少,寺庙园林对名花异卉的贡献很大。而元代近百年间,官、私园林皆少,有的小园既少亭台,又少花木,只植丛竹,如居竹轩。

扬州园林的成熟时期,则在明清。具体言之,是在明代中后期至清代中期。

明代中后期,扬州的经济有了发展,在江南造园风气的影响下,扬州园林的发展渐趋成熟,其重要的标志,表现在三个方面:其一,出现叠石,构园的要素始臻完备,园景更趋丰富;其二,不断出现一批有影响的名园,如遂初园、于园、寤园、影园等,造园技艺达到了前所未有的水平;其三,造园家计成开创性的造园理论著作《园冶》著成。这些都为清代前期顺治、康熙、雍正三朝扬州园林的进一步发展,作好了理论和技艺基础。于是,清代前期的顺治年间出现了休园;康熙年间,有了片石山房、万石园、百尺梧桐阁、筱园、乔氏东园、白沙翠竹江村;雍正年间有了小玲珑山馆、贺氏东园等等数量较多、规模较大、文化气氛浓郁的一批园林。清代中期的乾隆年间,扬州城里街巷之中,尤其在南河下一带,大园小园星罗棋布,而城郊特别在北郊蜀冈、瘦西湖沿岸更是园林座座,或前后相依相接,或隔水相望相映,“两堤花柳全依水,一路楼台直到山”。此时皇帝六次南巡,富可敌国的扬州盐商,纷纷造园以邀宸赏,且各路造园名工匠师汇集前来,园主们争奇斗妍,于是一座座名园不断出现,形成了历史上扬州园林最为兴盛辉煌的时期。《扬州画舫录》中引当时人的评论说:“杭州以湖山胜,苏州以市肆胜,扬州以园亭胜。三者鼎峙,不可轩轾。”即以当时杭、苏、扬三地的园林相比,扬州园林之盛，是远远超过苏杭的。

清代嘉庆以后至民国时期的近现代一百多年，由于战争频仍，盐法改革，漕运不畅，津浦等铁路兴筑，扬州失去交通枢纽地位等原因，随着经济的衰落，扬州园林急剧衰败，除嘉道年间有个园、棣园、容园等一些名园出现外，同光年间城中一些园林多为致仕归田的总督、知府等官吏颐养的别业。民国年间的扬州园林，兴筑者多为商人、文士，但规模已远不如前，园林多趋向小型化、庭院式。

扬州园林的复兴时期，则在中华人民共和国成立以后，特别是改革开放以来的三十年。这一时期特点的显著表现，其一，是蜀冈－瘦西湖风景名胜区内，昔日名园的次第恢复和重建；其二，是拓新的规模宏大，步伐加快，如万花园的兴筑；其三，园林元素融入整个城市的发展规划与建设之中，开启了城园同建的新思路、新模式。如结合河道的建设，两岸绿化风光带中有了亭台泉池叠石的构景；城中大道两边有了花木泉池叠石的园景，一些建筑增加了廊檐和风亭，穿城而过的几座运河桥上，新建了亭或亭廊，等等。

在城市建设中，还不断出现园林化的经济园区，园林化的居民社区、街道和园林化的近郊乡镇。连古城深巷之中，也不断涌现多庾信小园之胜的居民庭院。园在城中，城在园中，成了现实。扬州这座历史古城，日益秀美起来。"绿杨城郭是扬州"，是历史，也是现实；"园林多是宅"，是历史，也是现实；"扬州以园亭胜"，是历史，也是现实。我们幸运地看到，扬州近年所获得的荣誉有中国优秀旅游城市（1998）、国家卫生城市（2002）、国家环境保护模范城市（2002）、国家园林城市（2003）、中国人居环境奖（2006）、联合国人居奖（2006）、国家森林城市（2011）、全国文明城市（2011）等等。而这些城市荣誉之中，人们都知道，它们都与园林建设事业，都与园林的迅速复兴息息相关。

第一章　扬州园林的起始时期

（西汉至南北朝）

蜀冈，是一片生长神奇和美丽的息壤。2500年前，吴王夫差披坚执锐从江南奔它而来，为北上争霸，在此建了邗城。其宫室林苑，早已湮没于历史云烟。而至西汉，刘氏诸王的宫苑，则幸存于辞赋大家的字里行间。到了南北朝的刘宋时代，风亭、月观、吹台、琴室，却又在冈上的陂泽间兴筑起来，亭台之畔，芍药花也开得如锦似霞。未久，极为华美的大明寺，也在蜀冈上飘溢出它最初的袅袅香烟、声声梵唱。

《左传》鲁哀公九年（前486，即周敬王三十四年，吴王夫差十年）载："秋，吴城邗，沟通江淮。"这是史籍关于扬州城最早的记述。

春秋战国时，扬州相继属于吴、越、楚，秦统一后，这片土地被置为广陵县。不久隶属于九江郡。在西汉二百多年的历史中，这座城市先后作为刘氏封建藩国荆王、吴王、江都王、广陵王的都城，他们所筑的宫室林苑，应是扬州园林起始时期的模式。而这些宫室林苑的具体模样，由于年代的久远、记载的缺失，已经漶漫不清。直到南北朝时期的宋代，诗人鲍照在《芜城赋》抚今追昔的描述中，才透露出一些信息。它追述"五百余载"前的扬州"全盛之时"，曾有"藻扃黼帐，歌堂舞阁之基；璇渊碧树，弋林钓渚之馆"，即说那时扬州有绘有文采门窗的歌堂，悬挂着绣有黑白文饰帏帐的舞阁，听鸟鸣唱，捕养小兽的林苑中，满眼碧树芳草，观鱼垂钓的水池边，点缀着如玉的山石。不少学者认为这些应是对吴王刘濞时期宫室林苑的描写。雍正《扬州府志》还引《西征记》，说"吴王钓台在雷陂，高二丈"。嘉庆重修《扬州府志》则引《寰宇记》云，雷陂"有大雷、小雷之宫，吴王濞游此，尝筑钓台"。刘濞（前215—前154）是汉高祖刘邦之兄代王刘仲之子，随刘邦平定淮南王英布的叛乱，于高祖十二年（前195）受封为吴王，领三郡五十三城，建都于广陵。他开铜山铸钱，煮海水制盐，经济充裕，国力强盛，又统治多年，常有称帝之心，营建宫室，筑造林苑，是很自然的事情。汉景帝前元三年（前 154），刘濞发动楚、赵等"七国之乱"，史称吴楚七国之乱。景帝遣太尉周亚夫征讨平息。因而，扬州园林的历史可以上溯到公元前一百六七十年。

当然，对吴王宫苑的描述，并非汉代人士的实录，又只是片段的文字，还有可能受汉代《上林赋》及梁王兔园等等启发而作的揆情度理之词。但这些都已变得不重要了，重要的是，鲍照的这篇文赋，道出了西汉吴王时期扬州已有园林出现。景帝平乱之后，更吴国为江都国，封其子刘非为江都王。武帝元狩二年（前121），刘非死，谥"易王"。非之子刘建继为江都王。《汉书·江都易王非传》中说，其时江都国有章台宫，刘建游章台宫时令四女子乘小船，建以足蹈覆其船，四人皆溺，二人死于非命。可见其时，章台宫亦有水池林苑。如说吴王宫苑出自于文学作品的描述，我们还可以从史籍《汉书》中见到其后不久江都王的章台宫，吴王宫苑和江都王的章台，都表明了西汉时期，扬州已有宫苑园林的存在。

从史籍中搜寻，到了南北朝时，《宋书》列传第三十一《徐湛之传》中，则明显可见扬州园林起始时期的风采。传中载："广陵城旧有高楼，湛之更加修整，南望钟山。城北有陂泽，水物丰盛。湛之更起风亭、月观、吹台、琴室，果竹繁茂，花药成行。招集文士，尽游玩之适，一时之盛也。"其中"花药"，犹言"芍药"。北宋初乐史所著的地理总志《太平寰宇记·淮南道》中，更说"风亭、月观、吹台、琴室"在蜀冈"宫城东北角池侧"。

徐湛之（410—453），东海郯人。他是宋武帝刘裕的外孙，母为会稽公主。湛之幼孤，为武帝所宠爱。传中说他"善于尺牍，音辞流畅。贵戚豪家，产业甚厚。室宇园池，贵游莫及。伎乐之妙，冠绝一时"。他的妹妹和女儿，又分别为南平王刘铄和竟陵王刘诞的王妃，称得上是位皇亲国戚。元嘉二十四年（447），徐湛之出为前军将军、南兖州刺史，来到广陵。其时广陵为南兖州治所。在扬州，他"善于为政，威惠并行"；同时，他将营造室宇园池的爱好，也带到扬州，不仅对城中的旧有高楼增荣饰观，并于城北陂泽间建亭台观室，栽植果竹花药。应该说，他所营造的是一座亭台、山冈、水泉、花木具备的园林了。这是见之于史籍的扬州第一次官府造园活动，也是扬州第一座利用原有陂泽，增以人工建筑广植花木的山水园林。

这一山水园林的出现，在政治方面，与"元嘉之治"南方承平日久的大背景有关，也与扬州当时生产发展、逐渐富庶的经济局面相关连。在文化方面，它必然受到魏晋以来，南朝刘宋时期山水诗和山水画兴起的影响。谢灵运等人的山水诗，宗炳等人的山水画，都直接影响过当时及后来山水园林的构筑。有趣的是，我们从徐湛之造园时"果竹繁茂，花药成行"的记述中，还发现了今日扬州市花之一的芍药，于刘宋时期即始见栽培，并用于造园的记录。当时，江南一带已有芍药栽培，建康（今南京）即有芍药园。《金陵园墅志》中说："芍药园，在覆舟山南，本晋药圃，一名药园。"所以他在建造的园林中，从江南移栽大量芍药，是很自然的事。

然而，好景不长。元嘉二十七年（450），北魏军渡淮南下，直逼瓜步（今六合东南）。次年正月，魏军北退，过广陵时，屠杀丁壮老幼无数。大明三年（459），竟陵王、南兖州刺史刘诞据城反，孝武帝命沈庆之攻破广陵，斩杀刘诞及城中丁男三千余口，女子赏给将士为奴。短短十年之内，广陵城两次大劫，鲍照的《芜城赋》写于大明三四年间，赋中的广陵，已是景象凄惨的一座芜城。十

法净寺（录自《扬州画舫录》）

几年前徐湛之建于城北陂泽间的山水园林已不见踪影。今日高踞蜀冈中峰之上的大明寺，成了这一时期仅存的胜迹。

大明寺，始建于南朝刘宋孝武帝大明元年（457）。明代正德时南京吏部右侍郎罗玘，在《重修大明寺碑记》中说："距扬郡城西下五七里许，有寺曰大明，盖自南北朝宋孝武时所建也。孝武纪年以大明，而此寺适创于其时，故为名。宋主奢欲无度，土木被锦绣，故创建极华美。"以此，可知寺甫一建成，即成当时一郡之丽观。

大明寺后又名西寺、栖灵寺。至清代，忌"大明"之称，乾隆三十年（1765），皇帝第四次南巡时，赐"法净寺"额。直到1980年4月，鉴真像自日本奈良回国"探亲"，才恢复大明寺原名。

第二章 扬州园林的发展时期

（前期：隋、唐，后期：宋、元）

由隋唐而宋元，扬州园林经历了七八百年漫长的发展岁月。其间，时而一塔凌云，宫连苑接；时而它们又化为荒土，或成禅林；时而亭林遍布于山水之间；时而又私园兴盛，花木鲜秀。运河碧波通千里，造就了"扬一益二"；琼花芍药两无伦，引得诗人筑亭醉花阴。噫吁兮！杨广、李白、白居易、刘禹锡、杜牧、欧阳修、苏轼、赵孟頫、倪云林……帝王、太守、诗人、画家们纷来沓至，都在其间留下了篇篇华章、段段传奇。

一、隋代扬州园林胜迹，多在蜀冈

公元 581 年，北周宣帝后父杨坚称帝，取代北周，建立隋朝，史称隋文帝。文帝开皇九年（589）初，隋军渡江攻破建业，灭陈统一全国，旋改吴州为扬州，并在扬州置总管府。其时，隋朝在全国置四大总管府，扬州总管府辖 44 州，荆州总管府辖 36 州，并州、益州两总管府各辖 24 州，扬州成为军事重镇。

仁寿四年（604），杨广即位，史称炀帝，次年改元大业。他继承文帝的统治，为了加强中央对地方的控制，最重要的是营建东都洛阳和开通大运河。任命宰相杨素和著名的建筑家宇文恺，于大业元年（605）设计营建东都，使之成为政治、军事和漕运中心；同时为了便利漕运和军事运输，利用旧存河渠开凿一条以洛阳为中心的沟通南北的大运河。

隋代历史短暂，只有三十多年，扬州几乎没有民间建园的记载，留下的园林有关建筑，皆与皇室有关，一是隋文帝时一座塔，二是隋炀帝在扬州建造了大量的离宫别苑。

（一）大明寺增建栖灵塔

隋仁寿元年（601），文帝六十寿辰时，诏令海内清净处，立塔三十座，以供奉佛骨舍利。扬州为其中之一，即于大明寺内建栖灵塔。寺枕于蜀冈之上，塔又巍巍九级，耸峙云霄间，成为淮南第一胜景。入唐后，更为墨客文士登临吟咏佳处。李白有《秋日登扬州西灵塔》,诗中云:"宝塔凌苍苍,登攀览四荒。顶高元气合,标出海云长。万象分空界,三天接画梁。水摇金刹影,日动火珠光。鸟拂琼帘度,霞连绣栱张。目随征路断,心逐去帆扬。"可见其标高接天的气象。

（二）炀帝宫苑

大业元年三月,即发河南、淮北诸郡民五十余万,开通济渠,同年又发淮南民十余万开邗沟,自山阳(今淮安)至扬子(今仪征)入江,加强了东都洛阳与东南地区的联系。渠广四十步,旁筑御道,植以榆柳。《大业杂记》说:"水面阔四十步,通龙舟。两岸为大道,种榆柳,自东都至江都二千余里,树荫相交。每两驿置一宫,为停顿之所。自京师至江都离宫四十余所。"

扬州大规模地植柳,当自隋朝杨广开始,它自洛至淮,绿荫千里,又逶迤南来。运河两岸,柳荫延绵,自然成为扬州一道明媚的风景线。然而,"万艘龙舸绿丝间,载到扬州尽不还"(皮日休)。一个王朝沿着杨柳飘拂的河岸,走到了尽头。美丽之中,却有那么多深沉的历史教训。

炀帝的三下江都,有政治的因素,也多游冶的成分。他在扬州征调全国南北建筑技师、造园工匠及大量民工,在蜀冈一带建江都宫、显阳宫、显福宫、长阜苑十宫和隋苑,在城南临江之扬子津建临江宫。其中,江都宫在城北五里,显福宫在城外东北,加上显阳宫,成了一大片连绵不断规模宏丽的宫殿建筑群。《方舆纪要》中说,其宫城东偏门曰芳林。另有玄武、玄览诸门。宫城中有成象殿及水精殿、流珠堂诸处。《中华古今注》载:"隋帝于江都宫水精殿,令宫人戴通天百叶冠子,插瑟瑟钿朵,皆垂珠翠,披紫罗帔,把半月雉尾扇子,靸瑞鸠头履子,谓之仙飞。"北宫在茱萸湾(唐时改为山光寺)。临江宫在扬子津,一名扬子宫,宫内有凝晖殿、元珠阁等。同时,扬子津有炀帝钓台。《隋书·炀帝纪》载:"(大业七年)二月己未,上升钓台,临扬子津,大宴百僚,颁赐各有差。"据《太平寰宇记》,扬子宫西,有澄月亭、悬镜亭、春江亭,皆炀帝置。

炀帝又于城北建长阜苑,苑内先置九宫。《太平寰宇记》载:"九宫在县北五里长阜苑内,依林傍涧,高跨冈阜,随城形置焉。并隋炀帝立也。曰归雁宫、回流宫、九里宫、松林宫、大雷宫、小雷宫、春草宫、九华宫、光汾宫,是曰九宫。"后又增枫林宫,称长阜苑十宫。《雍正志》:"长阜苑在县五里,炀帝建十宫在苑内。"

另有隋苑、萤苑等,万历《江都县志》载:"隋苑,在县北九里大仪乡。一名上林苑,周围三里。"

《名胜志》载"萤苑,扬州西苑南三里。唐杜牧有'秋风放萤苑'句"。

《南部烟花录》:"炀帝于扬州作迷楼,今摘星楼,即迷楼故址。"《迷楼记》:"凡役夫数万,经岁而成。楼阁高下,轩窗掩映。幽房曲室,玉栏朱楯,互相连属,回环四合,曲屋自通。千门万牖,上下金碧。金虬伏于栋下,玉兽蹲于户傍,壁砌生光,琐窗射日,工巧之极,自古无有也。费用金玉,帑库为之一虚,人误入者,虽终日不能出。帝幸之,大喜,顾左右曰:'使真仙游其中,亦当自迷也,可目之曰迷楼。'……诏选后宫良家女数千,以居楼中,每一幸,有经月而不出。"此迷楼当在东都,但扬州也有一座迷楼。《古今诗话》中说:"炀帝时,浙人项升进新宫图。帝爱之,令扬州依图营建。既成,幸之,曰'使真仙游此,亦当自迷',乃名'迷楼'。

明崔桐扁之曰'鉴楼'。"

《宝祐志》："木兰亭"在城北七里蜀冈之麓,炀帝尝起木兰亭于九曲池上。嘉庆重修《扬州府志》卷之八《山川》："九曲池,在城西北七里大仪乡。《嘉靖志》云:隋炀帝尝建木兰亭于池上,作水调九曲,每游幸时按之,故谓之九曲池。"

炀帝杨广,虽贵为天子,也是一位有一定才情的诗人。《广陵通典》卷六说他"好学善属文"。他按旧调写的《春江花月夜》,虽不及后来的张若虚,但其中的"流波将月去,潮水带星来",也写得极为生动。他的《夏日临江诗》:"夏潭荫修竹,高岸坐长枫。日落沧江静,云散远山空。鹭飞林外白,莲开水上红。"似写扬子津江岸边临江宫宫外一带及内苑夏日景色。而其《江都宫乐歌》则对江都宫中林苑,作了一定的描述。其诗曰:"扬州旧处可淹留,台榭高明复好游(点出台榭)。风亭芳树迎早夏,长皋麦陇送余秋(点出风亭芳树)。渌潭桂楫浮青雀,果下金鞍跃紫骝(点出泉池游船、果树宝马)。绿觞素蚁流霞饮,长袖清歌乐戏州(点出美酒、歌舞)。"

纵观隋代的扬州园林,在寺庙园林这一类中,除了仁寿元年于大明寺中建栖灵塔,杨广为晋王镇江都时,建慧日道场外,扬州城内外,尚有陈朝遗留的兴圣、逮善、静乐诸寺,及隋时建成的安乐、香山、救生、法华(在邵伯,即来鹤寺)等等。其中以大明寺之栖灵塔最可游赏、登临,影响远大。官府园林,未及一见,其财力工役或皆纳入江都诸宫苑的建设之中。而炀帝江都宫、显阳宫、临江宫、长阜苑十宫、上林苑等等这些皇家宫苑,既有崇楼杰阁和幽房曲室、千门万户有误入者终日不能出的"迷楼",又有芳林水榭、广池兰舟、绿酒红袖,建筑之雄伟精美,景色之绮丽丰富,都大大超越了西汉诸王宫苑的规模,达到了扬州园林史上宫苑园林的顶点。

不久隋亡,这些建筑有的被焚毁,有的改为寺院,有的逐渐荒圮。于是,隋宫、隋堤、隋堤柳、萤苑、玉钩斜(隋葬宫人处)等等,都成唐代诗人凭吊兴亡、即兴抒发的题材,化作了后代观风赏景中的一种文化。

二、唐代扬州寺园、官园皆多,私园兴起

(一)唐代扬州的城市风貌

唐代的扬州,是一座富庶繁华、景色美丽的城市。说它繁华,因为水陆交通发达,手工业兴旺,商业繁盛,人文荟萃。"摇荡春风乱帆影,片云无数是扬州"(皎然),"十里长街市井连"(张祜),"夜市千灯照碧云"(王建),水上帆影幢幢,万商云集,城中长街十里,夜晚火树银花。其时扬州为东南第一都会,城市规模略次于西京长安、东都洛阳,而富庶繁华超过成都,时有"扬一益二"之誉。说它美丽,缘它水多、桥多、柳多、花多,运河环抱,官河纵横,"入郭登桥出郭船"(罗隐),夹河榆柳郁郁,花树掩映画楼,"落花馥河道,垂杨拂水窗"(万齐融),"广陵城中饶花光,广陵城外花为墙"(赵嘏),"满郭是春光,街衢土亦香。竹风轻履舄,花露腻衣裳"(姚合)。春天,"青春花柳树临水"(杜荀鹤);秋日,"浅深红树见扬州"(李绅)。当时扬州处处小桥、流水,一派水木清华景象。

碧水绕护,绿树掩映,更有座座楼台隐约其中。从诗文中观察,唐代扬州,仿佛一座园林化的城市。请看下列诗句展示的画面:"晴云曲金阁,珠楼碧烟里"(刘希夷),"红绕高台绿绕城"(孟

迟）,"天碧台阁丽"（杜牧）,"层台出重霄,金碧摩颢清"（权德舆）,"九里楼台牵翡翠"（罗隐）,"园林多是宅"（姚合）,可见扬州楼台之盛,园林之多。它们所描绘的,还是美丽园林城市大致的轮廓。再具体一点,于诗文中,则可见禅智寺、山光寺（杜牧）、庆云阁、法云寺（张祜）、白塔寺（顾况）、月观（赵嘏）、玉钩亭（窦巩）、扬子津亭（吴融）、郡西亭（卢殷）、扬子江楼（孙逖）、望晴楼、彭城阁（李益）、迎仙楼、延和阁（罗隐）、楞伽台（李群玉）等等,则比比皆是了。让我们看到了它们高高的屋脊、横斜的檐翼,在花光柳色、碧水深树之上展露出来。

（二）唐代扬州的寺庙园林

‖禅智寺‖　原为隋宫中建筑,地近罗城北郊热闹的东西大街。刘长卿诗中说寺为演和尚所创,"斗极千灯近,烟波万井通",言寺近繁华街市,离运河不远。"远山低月殿,寒木露花宫",言寺之月殿花宫在蜀冈高阜之上,可遥看江南远山；秋冬木落,原来掩映于绿树丛中的宫室才显露出来。大历十才子之一的崔峒,代宗时曾游扬州,夜宿禅智寺上方演大师院,他有诗曰："石林高几许？金刹在中峰"、"竹窗回翠壁,苔径入寒松",似说寺本隋宫建筑,旁有峰石高高如林,寺高踞于蜀冈之上,窗外竹树苍翠,石壁上藤蔓蒙密缠绕,松林间小径旁绿苔处处。诗人杜牧,大和七年（833）,应牛僧孺之聘,在扬州先后任淮南节度府推官、掌书记。禅智寺离他蜀冈上的节度使府不远,是他常去的地方。他那首《题扬州禅智寺》,已成为咏扬州的经典之作：

　　　　雨过一蝉噪,飘萧松桂秋。

　　　　青苔满阶砌,白鸟故迟留。

暮霭生深树,斜阳下小楼。

谁知竹西路,歌吹是扬州。

写秋日松绿桂香、深树蝉鸣中的禅智寺,庭院中苍苔满阶,一缕斜阳返照着小楼,恋恋不去。着意写寺院幽深的环境,而寺外呢,正是一个歌吹沸天的繁华的扬州。

赵嘏的禅智寺诗,前两句"楼畔花枝拂槛红,露天香动满帘风",写寺中花树幽深,抚窗拂槛,也暗写楼畔红艳香花一枝,令人难忘。照应后两句,"谁知野寺遗钿处,尽在相如春思中",写游寺女子遗钿之处,引得年轻的士子们久久的春思,仿佛寺中曾有过与"人面桃花"相类的故事。将一处不食人间烟火清净问禅的方外名刹,描绘成了既是花拂门窗的寺院,又是游人常至的园林。

罗隐《春日独游禅智寺》,"树远连天水接空",写寺院树高参天,寺前碧水接映天光云影。"几年行乐旧隋宫",昔日为炀帝行乐处,今日为众人游览地。"花开花谢还如此,人去人来自不同",也反映了禅智寺是座风光很好、游人络绎的寺庙园林。古代的寺庙,由于礼佛敬香,成了广大民众的游乐地;由于其环境清幽,能谈禅诵经,也成了士人心中的净土。

‖大明寺‖ 建于刘宋时期、占胜蜀冈的大明寺,到了唐代也是游人喜欢的去处。除了芸芸众生,唐时文人来扬州,好像都必去大明寺,登临栖灵塔。李白、高適、刘长卿、白居易、刘禹锡等等,他们先后而至,或相携而来。

李白(701—762),绵州昌隆(今四川江油)人,他青年时代"仗剑去国,辞亲远游",出蜀东来。从他的行踪和作品看,他不止

大明寺栖灵塔（1995年12月重建竣工，王虹军摄）

一次来过扬州。在《上安州裴长史书》（《李太白集》卷二六）中说："曩昔东游维扬，不逾一年，散金三十余万，有落魄公子，悉皆济之。"这好像说的是他最早来扬州时的情形。天宝八年（749）来游扬州时，留下的作品较多，《秋日登扬州西灵塔》，即写于此时。在唐代诗人里，写栖灵塔最好的诗，也就是李白的这一首。高适（约702—765）在安史乱后，当过淮南节度使；刘长卿（？—约786）于代宗大历初，也在扬州做过转运判官，两人都是有名的诗人，都写有栖灵塔的诗。而白居易和刘禹锡两位杰出的诗人携手同登栖灵塔，为唐代扬州盛事，也是扬州园林文化史上的一段佳话。

白居易（772—846）字乐天，刘禹锡（772—842）字梦得。两人同庚，白居易没有在扬州做过官，但南来北往常常路过扬州或在扬州小住。刘禹锡则于德宗贞元十六年（800）至十八年当过淮南节度使杜佑的掌书记，在扬州住过三年，而后南来北去也常常行经扬州。唐敬宗宝历二年（826），刘禹锡从淮南道的和州（今安徽和县）刺史任上奉诏回洛阳（自此结束二十三年贬谪生涯），而白居易此时以病免苏州刺史北归，与刘禹锡兴会于扬州。诗人的心是相通的，两位互相倾慕的大家甫一见面，酒就化作诗情喷涌而出。白有《醉赠刘二十八使君》，即刘禹锡称之为"乐天扬州初逢席上见赠"那首诗："为我引杯添酒饮，与君把箸击盘歌。诗称国手徒为尔，命压人头不奈何。举眼风光长寂寞，满朝官职独蹉跎。亦知合被才名折，二十三年折太多。"诗中"诗称国手徒为尔，命压人头不奈何"，对刘的诗歌十分赞许，又对刘长期遭贬十分同情。而刘则有《酬乐天扬州初逢席上见赠》回应：

> 巴山楚水凄凉地，二十三年弃置身。
> 怀旧空吟闻笛赋，到乡翻似烂柯人。
> 沉舟侧畔千帆过，病树前头万木春。
> 今日听君歌一曲，暂凭杯酒长精神。

"沉舟侧畔千帆过，病树前头万木春。"富于哲理的名句，即为本诗的颈联。感叹自己被外贬弃置二十三年的岁月，并以"沉舟"、"病树"自喻。但往事已去，今日听君一曲，且满饮一杯，振作精神吧！

在中国诗歌史上，并称"刘白"的这两位诗人，在扬州不但半个月诗酒赠答，还相携登临了大明寺内的栖灵塔。试看，刘禹锡《同乐天登栖灵寺塔》：

> 步步相携不觉难，九层云外倚阑干。
> 忽然笑语半天上，无限游人举眼看。

而白居易则有《与梦得同登栖灵寺塔》：

> 半月悠悠在广陵，何楼何塔不同登。
> 共怜筋力犹堪在，上到栖灵第九层。

刘禹锡大历七年（772）出生于嘉兴，少小熟读儒家经典，浏览诸子百家，也曾至吴兴陪侍诗僧皎然、灵澈吟唱诗文，受益匪浅，以后亦常作寺院、道观之游（如《再游玄都观》）。武宗会昌二年（842）病故于洛阳，次年（会昌三年）栖灵塔即毁于大火。嘉庆重修《扬州府志》卷二十八"寺观一"记此塔焚灭有传说二则：其一，"旧志云：当塔毁时，或见空中祥云拥一塔而去。有国使自高丽回，见一僧手擎一塔，问之，云扬州栖灵寺塔也。至州，塔已焚。计其时，乃遇僧之日"。其二，"《独异志》云：唐武宗毁寺前一年，淮南词客刘隐之游明州，梦汎海，见塔东渡。海门僧怀信居塔第三层，凭栏与隐之言，'暂送塔过东海，旬日而还'。隐之归扬州，访怀信，信曰：'记海上相见时否？'隐之了然省记。数夕，大火焚塔俱尽，旁有草堂，一无所损"。

《独异志》，唐人李冗节著。有论者言，武宗灭佛，出于政治、经济原因。栖灵塔被焚毁，应是会昌五年（845）武宗大规模灭佛前兆。塔之被焚，显系人火，而非"天火"。会昌灭佛时，全国毁大寺四千六百余所，小寺四万余所。栖灵塔渡海而去的传说，似在说塔遭此劫，自行火化，言佛不可灭。

至北宋真宗景德间（1004—1007），释可政募建一七级塔于栖灵塔原址。皇帝赐名"普惠塔"，至南宋时倾圮。后近千年间，多有重建之议,皆未如愿,唯于寺前建"栖灵遗址"牌楼以志追念。1993 年才于旧址重建栖灵宝塔。塔四方形,仿唐式,九级,高七十余米,每层直棂形窗,护以栏杆,出檐宽远。中心四面置佛像,最下一层置四玉佛,塔上风铃叮咚,清远悠扬,塔身高耸于蜀冈之上。登临塔上,近可俯视湖上风光,远则可眺江南隐隐青山,体味李白、高适的"览四荒"、"纳天籁"的快意,和白居易、刘禹锡"上到栖灵第九层"、"九层云外倚阑干"的喜悦。

唐代扬州城外的寺庙,约四十所,除了禅智寺、大明寺、法云寺、惠昭寺等以外,都是绿荫参天的寺院。法云寺有晋代所植双桧树,刘禹锡诗说它:"双桧苍然古貌奇,含烟吐雾郁参差。"温庭筠说它:"长廊夜静声疑雨,古殿秋深影胜云。"刘长卿等皆有诗。在唐代,著名的寺庙园林还有木兰院。

‖木兰院‖　木兰院在旧江都县治西,即石塔禅寺。《宝祐志》云,寺旧为蒙因显庆禅院,本慧照寺。南朝刘宋元嘉十七年(440)为高公寺。唐代先天元年(712)为安国寺;乾元中(758—760),为木兰院。王定保《唐摭言》云:"王播少孤贫,客扬州木兰院随僧斋粥,僧厌苦之,饭后击钟。播题诗于壁曰:'上堂已了各西东,惭愧阇黎饭后钟。'后二纪,播登第,出镇扬州,向题诗处,已碧纱笼矣。因续之,云:'二十年前尘扑面,于今始得碧纱笼。'又诗:'二十年前此地游,木兰花发院新修。如今重到经行处,树老无花僧白头。'盖因此以木兰院著名。"开成三年(838),建石塔葬古佛舍利,改为石塔寺。后僧请以慧照旧额更创寺于甘泉山,亦名甘泉寺。木兰院除木兰花盛外,皮日休寄宿木兰院,写到院中有双鹤,还写有《木兰后池三咏》,即咏池中重台莲花、浮萍、白莲,陆龟蒙皆有次韵之作。可见唐时木兰院不仅有殿宇、石塔，还有泉池、花树、双鹤，是一处塔静、树茂、池清、花香的寺院园林。石塔，今在文昌中路绿岛上。石塔下有基座，上刻龙凤等纹饰。基座上有石台，周围建有石栏，石台上建五层六面之塔，一、三、五层南北两面有拱形洞门。每层塔檐平缓，檐角微微翻翘，有唐塔特色，清凉、古朴。塔身雕刻莲花、如意、二龙戏珠及众多佛像，丰富多彩，经千载风雨剥蚀，有些已漫漶隐约。古木兰院今已不存，唯附丽王播碧纱笼故事一直流传，至今人们还在谈论寺僧、王播以及宋代苏轼、清代阮元，评论故事人物的是是非非，成为石塔无形却有意义的一种文化景观。

（三）唐代扬州的官筑园林

唐代官府林苑中，花木较多。淮南节度使府衙在蜀冈上，刘长卿诗中写府衙厅前之竹，有"蒙笼低冕过，青翠卷帘看"。许浑诗中有"艳艳花枝官舍晚，重重云影寺墙连"。府衙后的郡圃中，有争春馆。嘉庆《江都县志》载，唐时郡圃有杏花数十畦。开元年间，花盛时，太守张宴圃中，"一株杏令一妓倚其旁而歌，……宴罢夜阑，或闻花有叹息声"。时人称郡圃为杏邨或杏花邨。

属官府的还有水馆、水阁。水馆是临水的驿站馆舍，因有水有船，有馆舍亭台，有花有树，自成园林景象。某年春夜，诗人刘长卿曾与几位官吏文友于水馆对酒联句。李绅《宿扬州水馆》写到水馆的船桥月灯，"舟依浅岸参差合，桥映晴虹上下连。轻楫过时摇水月，远灯繁处隔秋烟"。水阁为临水的楼阁，许浑《宿水阁》诗中有："未知南陌谁家子，夜半吹笙入水楼。"如此可知，水馆、水阁是过往的官员休息、投宿的水边楼馆庭院。水边的待渡亭、大道边的路亭，则是为公众而建的。像唐人诗中的扬子津亭、郡西亭之类即属此。府志载：元和中（806—820），李夷简镇扬州时，曾于衙城西南见新月如钩，遂建玉钩亭。窦巩有诗曰："西南城上高高处，望月分明似玉钩。朱槛入云看鸟灭，绿杨如荠绕江流。定知有客嫌陈榻，从此无人上庾楼。今日卷帘天气好，不劳骑马看扬州。"咸通时（860—874），李蔚守扬期间建赏心亭，《太平广记》记其事："于戏马亭西，连玉钩斜道，开创池沼，构葺亭台……栽培花木，蓄养远方奇禽异畜，毕萃其所，芳春九旬，居人士女得以游观。"这一官府为公众开辟构筑的游乐园，其中池沼、花木、亭台、鸟兽俱备。可以说这是扬州历史上最早出现的公园。

（四）唐代扬州的私家园林

唐代，扬州出现了许多私家园林，现列诸园如下：

‖常氏南郭幽居‖ 园在城南，李白《之广陵宿常二南郭幽居》诗中说它"绿水接柴门，有如桃花源"、"满院罗丛萱"、"微雨飞南轩"。

‖崔秘监宅‖ 崔秘监旧宅，所在南塘，其地风光甚好。温庭筠（812—870）《经故秘书崔监扬州南塘旧居》诗中，有"千顷水流通故墅，至今留得谢公名"。可见旧居地近仪征东十里之新城，县志以为故墅乃谢安所筑。比温庭筠年长几十岁的刘禹锡曾游南塘。刘禹锡有《晚步扬子，游南塘望沙尾》诗，其中有"客游广陵郡，晚出临江城。郊外绿杨阴，江中沙屿明。归帆翳尽日，去棹闻遗声"。据此，南塘应在扬州西南临江处。

‖周济川别墅‖《太平广记》卷三四二"周济川"："周济川，汝南人，有别墅在扬州之西。兄弟四人，俱好学。"

‖王慎辞别墅‖ 在扬州西北之蜀冈上。《太平广记》卷一四五"王慎辞"："江南通事舍人王慎辞,有别墅在广陵城西。慎辞常与亲友游其上。一日,忽自爱其冈阜之势,叹曰:'我死必葬于此。'"

‖崔行军水亭‖　独孤及有《扬州崔行军水亭,泛舟望月,宴集赋诗并序》,崔氏时任行军之职,为淮南节度使府主要僚佐。诗序中谓:"于时,众君子栖公翰林,如翔鸟之得茂树也。至是,登于仙舟,泳彼新流,掇芳玩奇,以永今日。日不足,故用夜漏继之,羽觞未及数覆,银河横而金波上,乐作神王,百忧如失。而弦繁管清,悲欢交于其间,则高歌争进,或道旧以泣,酒酣意真,乐极感至故也。当斯时,……二三子醉犹能赋,且酌且咏,余属而和之。"

序中可见,崔氏园水中有舟,岸际有花,室内有酒、有乐,水亭有一定规模。

‖窦常白沙别业‖《新唐书》卷一七五谓窦常"客广陵,多所论著,隐居二十年"。窦常,窦巩之兄。窦常别业在扬州柳杨西偏。柳杨,在白沙镇。唐时属扬子县,地近扬子津。《全唐文》卷七六一《窦常传》:"厥后载罹家祸,因卜居广陵之柳杨西偏。疏泉种竹,隐几著书者又十载。……寝疾告终于广陵之白沙别业。"刘商《白沙宿窦常宅观妓》诗云:"扬子澄江映晚霞,柳条垂岸一千家。主人留客江边宿,十月繁霜见杏花。"诗中点明窦常宅在白沙江边。又以杏花喻妓,化俗为雅。

‖王播瓜洲别业‖《全唐诗》卷五三五有许浑诗《和淮南王相公与宾僚同游瓜洲别业,题旧书斋》。《新唐书》载:"王播,字明敭,其先太原人,父恕为扬州仓曹参军,遂家焉。"播亦有《淮南游故居感旧,酬西川李尚书德裕》诗。

‖李相国藩宅‖《新唐书》列传之九十四载,李藩年四十余,曾居扬州。《逸史》载:李相国藩,曾寓东路,年近三十,未有宦名,挈家往扬州,居于参佐桥数年。张建封仆射镇扬州,奏藩为巡官校书郎。参佐桥,为唐代扬州二十四桥之一,在开元寺前。

‖淳于棼宅‖ 李公佐《南柯太守传》云,东平淳于棼,家居广陵郡东十里,宅南古槐一株,清荫数亩,一日酒后梦槐安国王召,尚金枝公主,大猎灵龟山,出守南柯郡,爵邑宠贵二十年。及觉,乃悟入古槐蚁穴。今淮海路驼岭巷原古槐道观有唐代古槐一株,或云即为李公佐《南柯太守传》中古槐蓝本。

‖萧庆中宅园‖ 萧氏宅园中有竹石池亭。卢仝(约795—835),元和间(806—820)游扬州时曾寓萧氏宅园,有诗记萧氏宅园有竹有石,竹间有瘦长峰石,雨露皱其文,苔藓印其面,颇使"池亭风月古"。

‖席氏园‖ 嘉庆重修《扬州府志》"古迹一"载:"席氏园,在南门外,宋时改为寺,名静慧园。"

‖郝氏林亭‖ 方干《旅次扬州寓居郝氏林亭》诗,对郝氏林亭,有鹤盘孤屿、蝉声别枝、凉月照窗、澄泉绕石等等描写。

‖樱桃园‖ 药商裴谌园林,在扬州南水门外青园桥,《太平广记》卷十七"裴谌"条,引《续玄怪录》云:裴谌卖药广陵市,居于青园桥东樱桃园。其中"楼阁重复,花木鲜秀,似非人境,烟翠葱茏,景色妍媚,不可形状"。

‖周氏园‖ 罗隐《广陵妖乱志》中说:富商周师儒家园"居处花木楼榭之奇,为广陵甲第"。

‖安宜园林‖ 在安宜,今宝应县西南。《全唐诗》卷一三七储光羲有《安宜园林献高使君》。诗中有"新居茅茨迥,起见秋云开。十里次舟楫,二桥交往来。楚言满邻里,雁叫喧池台。……
小山宜大隐,要自望蓬莱。"

‖张南史宅‖　在扬州西南之扬子。嘉庆重修《扬州府志》
载:张南史宅,在唐大历时寓居。南史幽州(州治在今河北蓟县)
人,字季直,善弈,工诗。见《全唐诗》卷二九六。肃宗时为左卫
仓曹参军,后避乱居于扬子。郎士元有《送张南史》、钱起有《赠
南史》。在扬子时,写《江北春望赠皇甫补阙》,诗云:

闲园柳绿并桃红,野径荒墟左右通。

清迥独连江水北,芳菲更似洛城东。

时看雨歇云归岫,每觉潮来树起风。

闻道金门堪避世,何须身与海鸥同。

似写其宅园及扬子一带景色。

‖李端公后亭‖　在扬州属县海陵(今泰州)。张祜有《题海
陵监李端公后亭十韵》:诗中有"眺出红亭址,栽成绿树林。竹敧
丛岸势,池满到檐阴。暗草通溪远,闲花落院深。上帘新燕入,抛
叶小鱼沉。……风兰曳衣绣,露柳拂头簪。……短桥多凭看,高
堞几登临"。可见其园中有池有溪有桥有亭,丛竹苍苍,绿柳拂头,
闲花自落,园景幽深。

‖万贞家园‖《才鬼记》载:维扬大商万贞家有园林。其妻
不甘寂寞,尝"春日独游家园"遇怪。

‖王遹宅‖《乾𦠆子》云:唐建中三年(782),扬府功曹王遹
宅在庆云寺西。有卖卜女巫包九娘者过之曰:"可卖此宅,如言
货之得钱十五万。"又令于河东僦一宅,买竹作粗笼子不计其数。

明年春,连帅陈少游议筑广陵城,取遘旧居仅给半价,又卖运土竹笼,计资七八万,遂买河东宅焉。

‖颜太师犹子宅‖　李德裕《金松赋序》云:广陵东南有颜太师犹子旧宅,其地则孔北海故台。犹子,即侄子。(按孔融台,在宋手诏亭边,亦名宝镜巷。)

姚合诗说,其时扬州"园林多是宅",言私家园林皆与宅连,或为宅园,渐成风气。私家园林的出现和兴盛,是唐代扬州经济繁荣,人文荟萃的一种表现。清初王士禛在《东园记》中说:"广陵古所称佳丽地也,自隋唐以来,代推雄镇,物产之饶甲江南,而旁及于荆、豫诸上游……又其地为南北要冲,四方仕宦,多侨寓于是。往往相与凿陂池,筑台榭,以为游观宴会之所。明月琼箫,竹西歌吹,盖自昔而然矣。"联系具体私家园林的主人身份考察,唐代扬州园林主人多为官宦与富商,特别是扬州未受安史之乱纷扰,大量北方人士,多避乱而来,流寓广陵。这些都是因为扬州交通发达,物产富饶,商业繁盛,城市风光秀丽所致。

唐代私家园林的出现与兴盛,在扬州园林史上,前所未有。两汉至南北朝,扬州园林多为藩王林苑、官筑园林及寺庙园林。隋代扬州园林主要的是皇家宫苑。入唐以后,官府林苑及官筑的有园林形态的公众游乐地,逐渐多了起来,而这一时期最主要的特色则是私家园林的兴起。

三、宋代扬州园林

宋初的统一,结束了唐末和五代十国数十年的割据和混战,朝廷面对流浪的饥民,荒芜的土地,凋敝的农村,多次下诏奖励垦荒、发展生产。同时,还征大量民夫疏理汴河、黄河等河流灌溉农田，又提倡种植桑麻等经济作物，扶持各类手工业，发展交通等等。在这一大背景下，扬州的经济逐步有了恢复和发展，城市的面貌也日渐繁荣起来。北宋开国数十年后，司马光（1019—1086）《送杨秘丞秉通判扬州》诗中形容扬州"万商落日船交尾，一市春风酒并垆"。运河通畅，商务繁忙，茶楼酒垆，城市面貌，皆于诗中有所呈现。但已远逊于盛唐、中唐时的繁荣。正如欧阳修诗中所言"十里楼台歌吹繁，扬州无复似当年"了。北宋一百六十多年间，扬州城内外私家建园甚少，再也不见前朝"园林多是宅"的景象，造园活动绝大部分属官府所为。南宋一百五十多年，扬州江淮一带，处于宋金交战前沿，造园活动更不及北宋时期。然而，两宋又是文化上十分昌盛时代，尤其在北宋，有些官筑园林，实际上成了当时文化活动的中心，给我们留下了宝贵而丰富的文化遗产。

现从官筑园林、寺庙园林、私家园林三个方面，加以介绍：

（一）官筑园林

‖扬州郡圃‖　郡圃为府郡衙斋之圃，即府衙的后花园，多筑于府衙之后或其侧。宋代扬州郡圃，沿用唐代郡圃，地在蜀冈上衙城（即"牙城"，或称"子城"）内。

北宋至道二年至三年（996—997），王禹偁知扬州。这位诗人、散文家的太守，公事余暇，多漫步衙斋西侧之郡圃。他写圃入诗："竹绕亭台柳拂池，徘徊终恋郡圃西"；"公退何所适，池亭一凭栏。旭日媚春卉，微风生鸣湍"；"用冀鱼鸟训，熙熙肆游观。神仙未可学，吏隐聊自宽。"从中可见宋开国三十多年之后，扬州郡圃的一个大致面貌，即其中有泉池、柳竹、亭台，可以听鸟看鱼，有濠濮之乐。公事完毕之后，可以于此"肆游观"，过"聊自宽"的"吏隐"生活。

咸平年间（998—1003），郡圃中建了芙蓉阁。嘉庆重修《扬州府志》引明《一统志》说"芙蓉阁在扬州厅后"。咸平间，曾致尧曾有《芙蓉阁》诗，其中谓："参差红菡萏，迤逦绿菰蒲。浮藻青粘柱，澄澜碧照栌。木阴栖独鹤，波影浴双凫。……沙鹭窥吟榻，风蝉入座隅。重檐常碍斗，叠砌每生芦。"郡圃芙蓉阁两层重檐，立于碧水之畔，四周荷蒲茂盛，鹭静鹤鸣，碧水澄波，景色清幽。

庆历元年（1041）五月，宋庠贬知扬州，旋又移镇郓州，吏属秉承其意，于府衙西北扩建已荒芜多年的郡圃。庆历二年王安石中进士，签书淮南判官，正在扬州，耳闻目击了这一旧圃新园的变化过程。是年十二月，王安石作《扬州新园亭记》。之所以称新园亭，是以郡圃中曾有亭池。记中说："占府乾隅，夷茀而基，因城而垣，并垣而沟，周六百步，竹万个覆其上。故高亭在垣东南……作堂曰'爱思'……作亭曰'隶武'。"郡圃扩大了，以城墙作园墙，为背景，依城墙挖了长长的水渠，植了大量的绿竹，又增筑亭、堂。这是北宋时对郡圃的首次拓建。

庆历五年（1045）三月，资政殿学士韩琦（1008—1075）这位年轻的正三品高官，来任扬州太守。暮春时节圃内芍药盛开，中有一种"一干四岐，岐各一花，上下红，中间黄蕊间之"的芍药珍异之品，即后来称之为"金带围"者。韩琦以为祥瑞，特邀王安石（按：于庆历六年才被朝廷调走）、王珪、陈升之宴于花前，以应四花之数，诗酒留连中又各簪其一。后三十年间，四人皆位至宰相。

这一"四相簪花"的故事，最初见于熙宁六年（1073）刘攽的《芍药谱》（见《广群芳谱》花谱二十四）所记："花有红叶（瓣）黄腰者，号'金带围'，有时而生，则城中当出宰相。韩魏公（按：韩

清·黄慎《韩魏公簪金带围图》

琦后封魏公）守维扬日，郡圃芍药盛开，得'金围带'四（朵）。公选客俱乐以赏之。时，王珪为郡倅（副职）。王安石为幕官，皆在选中，而缺其一。花开已盛，公谓今日有过客即使当之。及暮，报陈太傅升之来。明日遂开宴，折花插赏。后，四人皆为首相。"

刘攽（1023—1089），庆历六年（1046）与兄刘敞同举进士。刘敞于嘉祐元年（1056）曾知扬州。刘攽于熙宁三年（1070）曾任扬州所属泰州通判。他对扬州芍药及其有关的事，包括韩琦等四人簪花的故事，以及四人在政坛的前前后后，都应该是熟悉的。因此所记的内容都是真实的。

这一与"金带围"有关的四相簪花的故事，还见于沈括《梦溪笔谈》。沈括（1031—1095），北宋科学家、政治家。钱塘（今杭州）人，嘉祐年间进士。治平元年（1064），曾任扬州司理参军。

神宗时,参加王安石的变法运动。晚年居润州(今镇江),筑梦溪园,举平生见闻,撰《梦溪笔谈》。《笔谈》是元丰五年(1082)以后的著作,比刘攽于熙宁六年(1073)所著《芍药谱》后出,但沈括有在扬州为官的经历,对韩琦、王安石等四人簪"金带围"的故事,记叙得比刘攽更为具体,生动。《梦溪笔谈·补笔谈卷三》"异事"类"芍药花会"载:

> 韩魏公庆历中以资政殿学士帅淮南。一日,后园中有芍药一干分四岐,岐各一花,上下红,中间黄蕊间之。当时扬州芍药未有此一品,今谓之"金缠腰"者是也。公异之,开一会,欲招四客以赏之,以应四花之瑞。
>
> 时,王岐公(珪)为大理寺评事、通判;王荆公(安石)为大理评事、佥判,皆召之。尚少一客,以判铃辖诸司使忘其名官最长,遂取以充数。明日早衙,铃辖者申状暴泄(腹泻)不至。尚少一客,命取过客历,求一朝官足之。过客中无朝官,唯有陈秀公(升之)时为大理寺丞,遂命同会。至中筵,剪四花,四客各簪一枝,甚为盛集。后三十年间,四人皆为宰相。

文中的"金缠腰",即刘谱中之"金带围"。刘、沈二人所记簪花、拜相之事,当不至于虚诞,但就在这出之偶然、事有巧合的记叙中,却道出了当时扬州芍药生长茂盛、名品迭现的信息。而这则四相簪花的故事,在陈师道《后山丛谈》(卷一)、周辉《清波杂志》(卷三)、彭乘《墨客挥犀》(卷一),蔡絛《铁围山丛谈》(卷六)等书籍中,皆有所记,亦足见扬州芍药名品花瑞的广泛影响。

　　本书之所以比较具体详细地征引旧籍来说这一故事,只是因为它就发生在当时的郡圃里，它是郡圃里生长出来的一种文化。与这一故事相联系的，是韩琦于郡圃内所建的"四并堂"，"四并"者，南朝宋代谢灵运所云："天下良辰、美景、赏心、乐事四者难并。"会当暮春时节，芍药盛开，面对一株四朵齐开的名花，饮酒、簪花、论文、抒怀，可谓良辰、美景、赏心、乐事四者并有，于是建四并堂。旧籍称四并堂"壮丽一时"。这是郡圃的又一次增荣饰观。

元祐年间（1086—1094），郡圃又频频成为人们注目的中心，且又都与芍药的繁盛有关。

元祐四年（1089）八月，后来被称为"六贼"之首的蔡京，以江淮发运使改知扬州。五年四月芍药盛开季节，他模仿洛阳牡丹万花会，大搞扬州芍药万花会。五年十月，王存来任扬州太守，六年四月，他仿效蔡京，也大办了一场扬州芍药万花会。每次花会，聚芍药万数于州衙大厅之后的芍药厅和郡圃宴赏。晁补之元祐年间曾通判扬州，见识过这种场面，他有首词《望海潮》，题目就是"扬州芍药会作"，其下阕即为"年年高会维阳。看家夸绝艳，人诧奇芳。结蕊当屏，联葩就幄，红遮绿绕华堂"。旬日之后，诸花萎残，才归各园，或弃置不顾，或被有心者换易。加上胥吏从中行事，敲诈打劫，扬人不堪其苦。

元祐七年（1092）早春，苏轼来任扬州太守。当吏属预备沿袭蔡京、王存故事，再搞芍药花会时，苏轼却毅然罢止了花会的举行。苏轼是一位喜欢赏花的诗、书、画大家，同时也是一位十分爱惜民力、爱护花农的民之父母。在他任扬州太守以后，给朝廷的《知扬州状奏略》《议减淮南盐价奏略》《辩论仓法劄子》《乞免追理扬州积欠疏略》《乞令扬州税务免收粮纲税钱疏略》等疏奏中，明显可见他行政宽简、爱护百姓的种种。遇到劳民、扰民的花会这类事，他自然要予以制止。他在给好友王定国的信札中说明："花会检旧案，用花千万朵，吏缘为奸，乃扬州大害，已罢之矣！虽杀风景，免造业也。"（见张邦基《墨庄漫录》）苏轼罢止万花会，显出了不以一己好恶行事、处处关切民瘼的政治家的风度。

芍药万花会的举办与罢止，都是与郡衙郡圃相联系的故事，一方面反映了官员的德行，另一方面也反映了当时扬州芍药繁盛。

南宋高宗赵构建炎元年（1127），扬州已成高宗行在之地。冬十月，隆祐太后及高宗，先后至扬州，皆驻跸于州治。（见《扬州图经》）如是，当时之郡圃一度就成了御苑。

不久，宋室就仓皇南渡了，郡圃也逐渐荒圮。

南宋绍兴二十三年（1153），向子固知扬州，将州治敬简堂之后的芍药厅改曰"再临"，又名"镇淮堂"。据嘉庆重修《扬州府志》载，宋时州治之中，常衙厅后，东侧有芍药厅，西侧为循云堂。可知衙厅即敬简堂。又载敬简堂之后，有雪艻阁、水晶楼，直北还有多瑞堂。

庆元年间（1195—1200），赵巩守扬时，曾大力修葺郡圃。他在郡圃内种植了许多杏树，恢复郡圃唐代的旧名——杏花邨；他追慕前贤，重建了四并堂；又依北宋初郡圃绿化置景的模式，栽种了许多株杨柳和一丛丛绿竹。于是郡圃中就有了柳径、竹陂诸景。这是对郡圃的再一次重葺。

后数十年间，守官率因边务倥偬，郡圃又逐渐荒圮。

淳祐十年（1250），理宗贾妃之弟，京（杭州）湖（湖州）安抚制置大使贾似道，移镇两淮，来守扬州。宝祐二年（1254），贾改筑宝寨城,次年易名宝祐城。并于开明桥西大安楼旧址建皆春楼,于小金山观稼堂建平野堂(该堂后圈入郡圃)。这位生活豪奢、年轻气盛的两淮最高长官最重要的造园活动,为宝祐五年对郡圃的重建。明嘉靖《惟扬志》"公署"、清嘉庆重修《扬州府志》"古迹"等皆有载述。今据乾隆《江都县志》引录如下:

> 自州宅之东,历缭墙入。可百步,有二亭:东曰翠阴,西曰雪茭。直北有淮南道院,后为两庑,通竹西精舍焉。后有小阜,曰梅坡。上葺茅为亭,曰诗兴。坡之东北隅,有亭曰友山。循曲径而东,望飞檐雕楹缥缈于高阜之巅(者),是为云山观。于池上,为露桥以渡。桥之北,翼以亭,曰依绿;南有小亭对立,曰弦风,曰箫月。又百余步,始蹑危级而登云山。其下为沼,深广可舟。山之趾二亭,曰濠想,曰剡兴。钓矶在其南,砌台在其北。水之外为长堤,朱阑相映,夹以垂柳。阁于南,为面山亭,于东曰留春,曰好音。于西曰玉钩,曰驻屐。观之直北,画栋层出者,为淮海堂。其东巨竹森然,亭其间者,曰对鹤。又东有道院曰半闲堂。堂之后为复道而升,与云山并峙可以眺远者,为平野堂。春日,卉木竞发,扬之游观者皆不禁,春尽乃止。

这座重建的郡圃,有飞檐雕阑、画栋层出的堂观,有高山(土山)危径、深沼浅池,渡以桥,钓以矶,观以亭台,绕以长堤朱阑。坡上有梅,水边有柳,堂外巨竹森森,登高可以眺远,临池可兴濠想。尽去此前郡圃天地的狭隘,特别是唐时争春馆的那股俗气,注进了杭州、湖州山水的灵秀,可以称得上是宋代官府在扬州兴造的最具规模并饶有画意的山水园林,也是扬州史籍上记述得最为翔实的宋代官园。

‖平山堂‖　平山堂在蜀冈中峰大明寺西南侧。北宋庆历八年(1048)二月,欧阳修来守扬州时建。因远望江南诸山拱揖槛前,若可攀跻,故名平山堂。为欧公守扬州时会友宴客游乐之所,其自作诗曰:"督府繁华久已阑,至今形胜可跻攀。"督府,即郡衙,为其公务之所,包括郡圃。政事之余,需要与文朋诗友"一樽风月属吾闲"的日子,需要一处宽广的"山横天地苍茫外,花发池台草莽间"的处所,需要"恨不相随暂解颜"的堂榭。

此堂建成后,当时的文人即诗赞不绝。"城北横冈走翠虹,一堂高视两三州"(王安石);"相基树楹气势庞,千山飞影横过江"(梅尧臣);"横岩积翠檐边出,度陇浮苍瓦上生"(王令);"江上飞云来北固,槛前修竹忆南屏"(苏轼);"堂上平看江上山,晴光千里对凭栏"(苏辙);"栋宇高开古寺间,尽收佳处入雕栏。……游人若论登临美,须作淮东第一观"(秦观),等等。其时,欧公常

平山堂(刘江瑞摄)

携客来游。夏日,遣人走邵伯湖折荷花千朵,命妓取花传客。客以次摘去一花瓣,瓣尽则饮酒赋诗,往往侵夜载月而归(见宋人叶梦得《避暑录话》)。今堂上"坐花载月"、"风流宛在"二匾,即记此事。

嘉祐八年(1063),直史馆丹阳刁约,自工部郎中领扬州府事,此年上距欧公建堂才十几年,堂已朽烂剥漫不可支撑,于是撤而新之,又封其庭中以为行春之台。此后,堂或瓦老木烂,或被兵火,历代皆不断修葺,连堂前杨柳,也不断有人前去补植。先是欧公建堂之时,曾手植杨柳一株。离扬之后,还常常念及。其《朝中措》词中,有"手植堂前杨柳,别来几度春风",时人皆称之为"欧公柳"。张邦基《墨庄漫录》中还写了一则有趣的事:北宋末宣和二年(1120),薛嗣昌来守扬时,曾于其侧种柳一株,自榜曰"薛公柳"。因其政无德政,文无华章,人品、政务、诗文皆无可称者,引得士林讪笑,莫不讥嗤,不久即被人砍去。

平山堂,因欧公道德文章而无比壮美清逸,欧公时引客过之,皆天下豪俊有名之士。沈括《重修平山堂记》中说:"后之人乐慕而来者,不在于堂榭之间,而以其为欧阳公之所为也。由是,平山之名盛闻天下。"南宋初,洪迈《平山堂后记》里也说:"山既佳,而欧阳又实张之。故声压宇宙,如揭日月。缙绅之东南,以身不到为永恨。"可见在宋代,平山堂即声名远播,享誉寰中了。

今日平山堂西檐廊壁上,有苏轼《西江月》词一首:"三过平山堂下,半生弹指声中。十年不见老仙翁,壁上龙蛇飞动。 欲吊文章太守,仍歌杨柳春风。休言万事转头空,未转头时皆梦。"欧公卒于熙宁五年(1072),词为元丰三年(1080)自彭城移守湖州,过扬州时所作。词中有着苏轼对恩师深深的怀念。

　　元祐七年（1092），苏轼来任扬州太守，为怀念欧公，于平山堂之北建谷林堂，取自作《谷林堂》诗中"深谷下窈窕，高林合扶疏"中"谷"、"林"名堂。

　　平山堂和谷林堂，是宋代文坛两位巨匠的遗迹，千年以来，游人登临不断，诗文赞颂不绝，皆是因为他们的高尚人品、文采风流所致。

　　‖茶园　时会堂　春贡亭‖《太平寰宇记》载：茶园在蜀冈上，地近禅智寺。宋代茶的买卖是官府统一管理的。扬州负责这一买卖的机构是"提举淮东茶盐司"。蜀冈上之茶园，面积并不很大，由一条竹丛茂密的山径通入谷中，即蒙谷，已见茶树，出谷即至茶园。至道年间（995—997）王禹偁《茶园十二韵》中说，"蔽芾余千本，青葱共一园"。但其品质上佳，旧志上说，"其茶甘香，味如蒙顶"，且被列为贡茶，王禹偁诗中说要"年年奉至尊"的，后来欧阳修咏园中时会堂诗自注里说茶园是"造贡茶地也"，"余尝守扬州，岁贡新茶"。有诗句曰："忆昔尝修守臣职，先春自探两旗开。"早春时节，太守是必须亲自去探看茶树新叶生长情况的。

　　茶园中除建时会堂，还有春贡亭。欧阳修常与友人去茶园，他有首诗，题目即为《自东门泛舟至竹西亭，登昆丘入蒙谷，戏题春贡亭》，明示了去茶园的道路，也在说茶园在禅智寺附近，竹西亭、昆丘台皆在左近。竹西亭，在禅智寺前，因杜牧诗意而名亭，建于唐代。昆丘台，原为帝王祭台，始建于五代，取鲍照《芜城赋》"轴以昆冈"意，名为昆丘台。宋庆历间，台已现颓象，欧阳修《昆丘台》诗中说"访古高台已半倾"。他重修了此台。

　　‖摘星楼‖　在蜀冈上。万历《江都县志》云，在城西七里观音阁之东阜。雍正志云："即迷楼故址，贾似道筑宝祐城，建楼于上，扁曰'三城胜处'。（按：南宋扬州有子城、罗城，又于其间建夹城。）规址亢爽，江淮南北，一目可尽。后有摘星亭、星台，皆其处也。"

‖水晶楼‖　在蜀冈上。《嘉靖志》载，楼在州治常衙厅之后，淳祐初，李曾伯以淮东制置使知扬州时建，贾似道来扬后撤而新之。

‖筹边楼‖　淳熙二年（1175），郭棣知扬州时，即故城遗址建楼，曰"筹边"。从楼名可见预防边患，多于观景。旧志上说，倚槛舒眺，见百里秋毫，以杜绝他日敌人伏兵城下之患。

‖骑鹤楼‖　在城中东北大街。据《太平广记》，昔有四人言志，一愿多财，一愿为扬州守，一愿为仙，一愿腰缠十万贯，骑鹤上扬州。因建楼以记其事。（按：故事出自南朝梁代殷芸《小说》，梁时之扬州，治所在今南京。）南宋末，扬州已大不如前，嘉熙中（1237—1240），为盐运使属吏的宋伯仁有写骑鹤楼的诗，则曰："醉倚阑干独黯然，淮南不比数年前。只宜跨鹤翩然去，休说腰缠十万钱。"

‖云山阁‖　在城北隅，熙宁八年（1075）陈升之守郡时建。元丰六年（1083）吕公著守扬时重修。至淳熙间，郑兴裔撤玉钩亭增而大之，名云山观。宝祐时，贾似道复云山观于小金山，（按：此宋时之小金山，在城北。非今之湖上小金山。）后被贾圈入郡圃。

‖万花园‖　南宋端平三年（1236），淮东安抚制置使兼知扬州的赵葵，"即堡城武锋军统制衙为之"（嘉庆重修《扬州府志》）。是说万花园在堡城，紧邻着统制衙门而筑。赵葵（1186—1266），抗金名将，好诗文，工书画，尤喜画梅，一派儒将风度。其时，另一善画梅者，曾作《梅花喜神谱》的宋伯仁，身为盐运使属官，咏万花园诗中,有"细柳营基锁绿苔,万花新种小亭台"。以汉代名将周亚夫军细柳之事,比喻、咏赞赵葵,同时也告诉人,园亦小有亭台之胜,花卉各品类皆备。

亭,《园冶·释名》云:"亭者,停也。所以停憩游行也。"说亭有停留、止歇之意,是供人休息、游览的建筑。在造型上,与其他园林建筑相比,它显得小巧玲珑而集中、向上,它的台基上一般只有几根立柱承重,顶的形式与曲线变化十分丰富,看上去空灵而轻盈飘逸,而在选址、立面造型、大小等方面,又比其他建筑能更自由灵活地把握。它特别适合想有园林意境、财力并不充裕的宋代官府需要。如若时光回溯到七百多年以前,我们则可见到蜀冈上下、市河岸畔、学宫院内,到瓜洲江边,有一座座亭在绿树碧水中,寻常巷陌间,亭亭玉立。今择其中部分,分述于后:

‖波光亭‖　宋朝开国之初,建隆元年(960),宋太祖赵匡胤为征讨后周淮南节度使李重进,曾经驻跸蜀冈九曲池上,后命于池上建九曲亭。(按:沈括有《九曲池新亭记》,沈所谓新亭,缘于隋炀帝时曾于九曲池上建木兰亭。)南宋时,亭遭兵火。乾道二年(1166),周淙重建,易名波光亭。未久,亭废池塞。庆元五年(1199)郭杲役工浚池,引诸塘之水注之,又立亭于池北,更增筑风台、月榭,东西对峙,再绕池植柳,成为一时胜观。此时,亭已发展为园了。

‖竹西亭‖　在蜀冈下官河岸禅智寺前。梅尧臣咏竹西亭诗注云:"亭因唐人杜牧诗'谁知竹西路,歌吹是扬州'得名。"南宋初,向子固知扬州,易名为歌吹亭。后经兵火,乾道年间,周淙重建,复旧名。

‖无双亭‖　在后土祠(即今蕃釐观)内。庆历八年,欧阳修知扬州时建。祠始建于汉代成帝元延二年（前11），祀土神。唐时僖宗中和二年（882），淮南节度使高骈重建。因《汉书》中说：后土，富媪也。故祠内塑女神像。宋徽宗政和年间，以汉郊祀诗有"媪神，蕃釐"之语，遂赐名蕃釐观。唐初，祠内即有珍异之树一株，花朵清丽、雅洁，形态奇特珍异，人们赞咏不绝。生于隋末的来济（610—662）有诗赞其为"标格异凡卉"、"或时吐芳华，烨然如玉温"。李邕、李德裕、杜牧等皆有诗咏。李德裕诗中有"琼是仙家树，世无花与同"，杜牧则有"气韵偏高洁，尘氛敢混淆。盈盈珠蕊簇，袅袅玉枝交。天巧无双朵，风香破九苞"之语。然而，唐人赞其高标气韵，咏其如玉芳华，却不能道其名。淮南节度使杜悰对其赞之不绝，诗中却称之为玉蕊花。直到宋初王禹偁至道二年（996）来知扬州，写了《后土庙琼花诗二首并序》，才始称其为琼花。其诗序曰："扬州后土庙有花一株，洁白可爱，且其树大而花繁，不知实何木也，俗谓之琼花云，因赋诗以状其态。"五十年后，庆历五年（1045）韩琦来知扬州，赞琼花"维扬一株花，四海无同类"。庆历八年（1048）欧阳修知扬州，以诗文赞之不足，更于祠内琼花之侧建无双亭，以赏之。他写道："琼花、芍药世无伦，偶不题诗便怨人。曾向无双亭下醉，自知不负广陵春。"此亭因花而建，可见琼花之美。之后骚人墨客过扬州，有花时咏花咏亭，无花时则咏亭及花，无双亭成了数百年扬州花文化中的一处重要景观。

  ‖玉立亭‖ 南宋嘉定中（1208—1224），郡守崔与之在扬州任满之年，于后土祠中建玉立亭。他有《辞后土祠玉立亭》诗中云："天上人间一树花，五年于此驻高牙。……临行更致平安祝，一炷清香十万家。"崔与之（1158—1239）守扬州时，有治绩。浚濠创砦,选将练兵,勤于边务,金人深入无功而返。在此秉政五年,临行颇为依依,在他心里,这一株琼花仿佛已成为扬州美丽而又韵致高雅的形象化身。在宋末"四塞风尘天籁寂"的岁月中,对自己曾经倾注过感情的扬州,流露出几许担忧,奈何朝廷宣诏,只有祝福它平安了。

‖四望亭‖　崔与之守扬期间,另于州治之南,筑有四望亭,用于军事瞭望观察。后曾多次修葺,至今这座三层八面檐翼高举的四望亭,犹如八百岁的历史老人,还兀立于汶河路与四望亭路口,看着身旁楼群林立、花荣树茂、车水马龙的繁荣景象,大概也忘不了一个守土有职有情的诗人当初的平安祝福。

‖四柏亭‖　北宋元丰年间(1078—1085),邹浩作《四柏赋》,序中说广陵学宫厅,旧为夫子庙,庭植四柏,皆凛凛合抱。后莫究其所,南宋淳熙中(1174—1189),重建学宫。文学椽彭方仍植四柏于厅事之南,因以名亭。这是以四柏为名,提倡教化、砥励节行的一座亭子,与四望亭一起,从崇武和重教两个方面,来反映、传承扬州传统文化的一斑。

‖高丽亭‖　在南门外。元丰七年(1084),宋哲宗诏谕京东淮南筑高丽馆,以待其国朝贡之使,馆中之亭亦名高丽。南宋初建炎年间(1127—1130),亭废。绍兴三十二年(1162),郡守向子固重建,扁其馆门曰南浦,亭亦易名为瞻云,以为迎饯之所。这是一座用于外事的建筑。

‖临江亭‖　在瓜洲。宋人潘阆诗云:"闲观扬子江心浪,静听金山寺里钟。"

‖迎波亭‖　在瓜洲。宋时广陵先生、诗人王令诗云:"海面清风万里宽,偶来如已脱尘关。"此亭与临江亭,都是赏景待渡之亭。

此外,蜀冈上还有美泉亭(即大明寺井亭)、竹心亭、劝耕亭、环碧亭,城内外有矗立亭、明月亭、羽挥亭、观风亭、溯渚亭、手诏亭等等,皆为官筑。它们与上述诸亭,是两宋三百年扬州历史长卷中一个个标点,分别标志着文明、昌盛、闲适与不安。

在宋代,不仅扬州园林多为官筑,所属州县亦以官筑为多,现择其重要者,简述于后:

‖真州东园‖ 北宋皇祐四年(1052),江淮两浙荆湖发运使施昌言(皇祐元年在任)、许元(二年起由副使进为正使)与判官马遵,于发运使司之治所真州东门外,以废营地筑东园。嘉庆重修《扬州府志》说,东园"欧阳修记,蔡襄书,人谓园与记、书为三绝"。

欧阳修《真州东园记》载:"园之广百亩,而流水横其前,清池浸其右,高台起其北。"台上有拂云亭,池畔有澄虚阁,中央有清宴堂,堂后建射宾圃。水中浮荡画舫,芙蓉芰荷的历,幽兰白芷芬芳,美木交阴,高甍照影,鱼鸟沉浮。梅尧臣诗曰:"疏凿近东城,萧森万物荣。美化移旧本,黄鸟发新声。……云与危台接,风当广厦清。"可见,是一座林木萧森、楼台掩映、鸟语花香、水阁空明的山水名园。

北宋末,园毁于兵火。南宋初,州守徐康重葺。开禧年间(1205—1207),园又毁于兵乱,嘉定时(1208—1224),运判、州守又重建。后又废而不存。但自明至清,东园屡废屡建,然规模皆不如北宋时之东园了。

‖斗野亭‖ 北宋熙宁二年(1069)建于邵伯镇梵行院之侧,以扬州于天文属斗分野,故名。亭建成不久,孙觉、苏轼、苏辙、张舜民、黄庭坚、秦观、张耒诸人尝觞咏于此,成为一邑之胜。一座水边亭子,聚集来北宋文坛众多大家身影,赢得他们的流连题咏,十分难得。

绍兴元年,郡守郑兴裔更造于扬州府城迎恩桥南,嘉定间,崔与之易名为"江淮要津",移斗野亭揭于北门外。直至清嘉庆十四年(1809),邵伯人徐元惠、徐元桐才重建亭于镇之来鹤寺侧,姚文田作记,白小山重书北宋七贤诗勒石于壁,使前贤之流风遗韵不坠。后亭亦废,今已移建于邵伯闸畔。

‖文游台‖　在高邮北郊。旧传苏轼于元丰七年(1084)路经高邮,与王巩、孙觉、秦观同游于此,饮酒论文倜傥风流,因以文游之名建台,并由李公麟画为图,刻之石。台旧祀四贤于上,后为兵毁。嘉庆重修《扬州府志》载,南宋淳熙、嘉泰、开禧时,以及明清之季,守土者皆修读书台、盍簪堂等景。

(二)私家园林

宋代扬州的园林,多为官筑。私家园林也建了一些,但已没有唐时"园林多是宅"的盛况,现就府志等摘引如下:

‖申申亭‖　为进士满泾所筑。王令(1032—1059)有咏申申亭诗:"亭前朱朱有冶态,亭下白白无俗姿。"其境花好树密,鸟语宛转,绿竹万竿,寒翠宜人。

‖王宾别墅‖　王宾,许州许田人,淳化四年(993)出知扬州,兼发运使。宋初"西昆体"代表人物杨亿有《董温其赴淮南幕,工部王尚书知扬州》诗,诗中"陪宴初筵挥玉炳,从游别墅聘金羁",自注为"府公维扬有别墅焉"。

‖朱氏园‖　园在流水桥。园以芍药有名于时。宋神宗熙宁年间(1068—1077)两本记载扬州芍药的芍药谱,都记有朱氏园。王观《扬州芍药谱》云:"居人以治花相尚。……今则有朱氏之园最为冠绝,南北二圃所种,几于五六万株。意其自古种花之盛,未之有也。朱氏当其花之盛开,饰亭宇以待来游者,逾月不绝,而朱氏未尝厌也。"孔武仲《芍药谱》说,扬州"负郭多旷土,种花之家,园舍相望。最盛于朱氏、丁氏、袁氏、徐氏、高氏、张氏,余不可胜记。畦分亩列,多者至数万根"。其时,扬州芍药天下闻名。朱氏等园,皆以芍药胜,园中亦建亭宇。

‖借山亭‖　在九曲池北。府志载马仲甫于九曲池买地筑亭,名曰"借山"。马仲甫,宋真宗时曾任淮南转运使(治所在真州)。仲甫曾有诗云:"平野绿阴蔽,乱山晴黛浮。"北宋刘季孙写借山亭诗中有"给事风流在,虚亭景趣闲。全临故宫水,尽致别州山"。故宫水,此即指九曲池。别州山,指江南之山。此亭择地蜀冈,近借池水,远借江南隐隐青山,纳景开阔而悠远。

(三)寺庙园林

宋代扬州的寺庙园林,吸引大众和文人的,除了前期已经荒败的禅智寺、山光寺等寺院外,本朝的寺园及重修过去的寺园,著名的有如下一些。

‖铁佛寺‖　在堡城,本杨行密故宅,唐末光化间(898—901)改寺。宋初建隆中(960—963),于寺铸铁佛,因以名之。天圣中(1023—1032)复称光化寺。崇宁间(1102—1106)改称崇宁寺。政和二年(1112),改天宁万寿寺;三年为兴教院,后又复铁佛寺名。寺有宝塔,至南宋时不存。旧志载殿后有双桧,为宋末元初之物,上疏无枝,取其皮焚烧,香味浓烈。韩琦《铁佛寺会僚友》诗二首说"寺枕隋家废苑边,登高还此会僚贤","谁言秋色不如春,及到重阳景自新。随分笙歌行乐处,菊花黄子便宜人"。说寺在隋宫废苑旁,秋日菊花黄、黄子红,景色宜人。苏辙有《题光化塔》诗,秦观有《次韵子由题光化塔》诗相唱和,表明铁佛寺在北宋时还甚为文人系念。

‖龙兴寺‖ 这是唐代就有的一座禅林,唐代,李华有《龙兴寺法慎律师碑》,由张从申篆额,李阳冰书,时谓之四绝。至宋代,僧慧礼重建,王安石为之作记。熙宁中,江都县令王观《扬州芍药谱》序云,花品旧传龙兴寺山子、罗汉、观音、弥陀四院为冠。即入宋不久,龙兴寺芍药就名闻遐迩,品类冠绝。此前,韩琦有《和袁节推龙兴寺芍药》诗,云"广陵芍药真奇美,名与洛花相上下"。诗中称扬州芍药为"扬花",将芍药打上扬州的印记。诗中还铺叙了扬州芍药的诸种名品姿色。

‖建隆寺‖ 《宝祐志》云,寺在城西二十里西华台。宋代《燕翼贻谋录》云:宋太祖亲征李重进,以御营建寺,所御之榻亦留于寺。后僧徒于寺中建彰武殿,请御容以便民庶瞻仰,真宗命翰林画工图写,严卫而往,仍赐供具。景德二年(1005)八月,命中使前来扬州趋寺奉安。每遇朔望,州郡大吏率僚属前往朝礼。王禹偁、郭征皆为之记。

南宋建炎(1127—1130)初,寺废。嘉熙中(1237—1240),更创于城中寿宁街(今天宁寺后),宝祐中贾似道镇扬州,复新彰武殿,又重葺建隆寺。

王禹偁在《扬州建隆寺碑记》中说,唐代就有于天下战阵处为寺,刊勒碑铭,纪述功业,传诸简册。由是,交兵之地,舍为梵宫,使死事之人尽离幽冥而无恨。是年十月以帝王纪年(建隆)为寺额,并赐田庄。这段话道出了宋初建寺之缘由。碑记中还说:建隆寺像设庄严,经教具备。"礼佛有殿,演法有堂,斋庖在东,僧寝在右。奥有室,供汤沐焉;外有亭,给登眺焉。廊庑翼舒,门扉洞启,修竹交映,碧流潆洄,实藩服之胜游,淮海之福田耳。"可见,建隆寺当时的建筑与环境。记中还有"自国初至今凡四十载,日供僧不减六十人",可见宋初该寺之规模。

宋庠知扬州时有《建隆寺北池亭》诗,诗中有"宝刹开初地,沧浪绕故城。芰莲俱野色,凫鹬各秋声。岸阔烟无著,窗虚日易明"。写建隆寺风光之好。

梅尧臣咏建隆寺诗中有"荒台残垒旧名邦,曾说王师此受降","自古兴亡不须问,风铃闲听响幡幢"。即写宋太祖征李重进,杀伐之后,再建禅林,以作功德之事。

‖后土祠·蕃釐观‖ 后土祠始建于西汉成帝元延二年(前11),祀土神。参见前"无双亭"条。

在宋代,扬州琼花名动朝野,曾两度移入皇家禁宫,皆因花时憔悴而发还故地,一回故地,则又敷荣如故,还有一次被金兵揭本而去,后赖道士悉心浇灌侧根,不久又茂盛成长。美丽珍异,富有传奇色彩,使后土祠琼花成为后人关注的焦点。

‖仙鹤寺‖ 在今扬州城区南门街,背倚汶河南路。南宋咸淳年间(1265—1274),阿拉伯人普哈丁来扬传教,于德祐元年(1275)创建了仙鹤寺。此寺与广州怀圣寺、泉州麒麟寺、杭州凤凰寺,并称为我国沿海伊斯兰教四大清真寺。

寺以"仙鹤"为名,其建筑布局,均按仙鹤形态设计,寺门前照壁如鹤嘴,门厅为鹤首,左右两井如鹤眼,寺门至大殿长而弯曲的通道如鹤颈,礼拜大殿如鹤身,殿两侧檐翼高举欲飞之半亭为鹤翅,殿后二柏树为鹤腿,殿后遍植之竹林为鹤尾,构思精巧,形象而灵动。同时,门厅重檐飞椽,屋脊中饰一仙鹤,两端各立一铜麒麟守护;大殿宏敞,配以厅堂游廊,成为回民礼拜圣地。

今寺院内，有一株银杏参天而立，为建院时所植，已七百余岁。

‖普哈丁墓园‖　墓园在古运河东岸，今解放桥东南，俗称"回回堂"。门额题"天方矩矱"。天方原指伊斯兰教圣地麦加，泛指阿拉伯半岛，天方矩矱意为阿拉伯楷模人物。正门上额为"西域先贤普哈丁之墓"。墓园内有清光绪三十四年（1908）《先贤历史记略碑》，称：普哈丁者，天方之贤士，负有德望者也。相传为穆罕默德圣人十六世裔孙。宋咸淳年间来扬州。他在扬州生活了十年，布教、传播伊斯兰文化，并建仙鹤寺，德祐元年（1275）七月二十一日逝于津沽归扬舟中。郡守依其生前所请，葬其于运河东岸高冈之上。墓园之门及主建筑皆朝西，阿拉伯式，富有异域情调。

后，墓园内又陆续葬有宋明以来其他西域先贤及虔诚教徒。其中有甲午战争在平壤抗击日本侵略的民族英雄左宝贵之衣冠冢。

普哈丁墓园（王虹军摄）

墓亭东北,有宋代银杏一株。树干经雷劈裂,根部却相依连,枝干虬曲,绿叶苍茂。

寺庙园林,自汉代佛教传入以来,一方面以其教义在民间传播,另一方面以其多在山水上佳、风景优美处,本身也成为吸引四方人士的胜游之地。虔诚的佛子徒众,多在意礼佛上香,以求今生平安、来生富贵。而文化人、或显贵或隐居的人们多看重佛家禅意、环境的幽绝。而寺院的花木,则为所有的人所喜爱。扬州宋代的寺庙园林,不只是佛、道等宗教的衍义场所,也是琼花、芍药等扬州花文化的重要发祥地。

四、元代扬州园林

在元代(1271—1368)不足百年的历史中,扬州的经济状况不及两宋,更远逊于唐代。官筑园林较少,除了经济上原因,统治者多了一些北方草原旷放空远的游牧文化的气息,对汉文化,特别是唐、宋以来南方山水及模拟自然山水的园林,在欣赏趣味上还不能完全适应。私家园林的兴筑规模皆小,但有的因为与文化大家的足迹相联系,在园林文化史上,倒也留下了一些印记。

官筑的园林,万历、嘉庆等《江都县志》上说,元代扬州路(按:路为宋、金、元时的一种行政区划,元时属省管辖。)学宫中,有采芹亭,城西北大仪乡有元镇南王宫。见于元人诗文的官园,有雁行楼,蜀冈东畔有竹西楼。这些亭、楼,大都是单一的建筑,只有镇南王宫,在城西北六里大仪乡。世祖二十一年封子脱欢镇南王于扬州,宫中或有苑圃池泉之景。

私家园林,元初扬州有储天章之菊轩,蜀冈至城北一带,先后有李使君园,徐复初之竹西佳处亭,曹子益之可竹亭,朱奂彩之梅所,马伯庸之淮南别业(一名石田山房),朱伯礼之西树草堂,崔伯亨之崔氏花园。城中大东门外有镇南王父阿只之瞻云楼,东北大街骑鹤楼(酒肆)之西,有陈通甫鹤西草堂等等。元仁宗时(1312—1320),扬州路总管王结,与陈通甫曾同为集贤殿直学士,他有诗咏鹤西草堂,其诗题中有"广陵陈公通甫卜居骑鹤楼之右,扁其斋曰'鹤西'……"其诗曰:"风台月观古扬州,骑鹤南来亦漫游。羡煞鹤楼西畔客,草堂清绝俯邗沟。"这一些园亭楼所,大多只是在元人诗文中留下片言只语,它们的姿影已被历史的尘埃掩埋,唯有明月楼、平野轩和居竹轩等,因为与文化名人相联系,县府志有略为具体的载述,才给今人认知它们,提供了一些大概的轮廓。

‖明月楼‖　在扬州旧城东北大街东首,为富绅赵氏所建。明月楼所以名噪一时,皆由于与当时一位文坛大家赵孟頫有关。一些诗话、词话和地方志上,都留下了"赵王孙题咏明月楼"的一段佳话。

赵孟頫(1254—1322),字子昂,号松雪、松雪道人等。宋代宗室,为太祖赵匡胤第四子秦王赵德芳的后裔。其五世祖居于湖州(今浙江吴兴),遂为湖州人。十四岁以荫补官,南宋咸淳末,大约二十岁上下,来扬州为真州司户参军。在南宋末年风雨飘摇的岁月里,他仍然是一个生活于红裙翠袖、诗文书画之中的王孙公子。宋亡入元不久,他受到元世祖忽必烈的重用,累官至一品。同时也成为元初的文学家和著名的书画家。尤其是他的书法,圆润秀美,人誉之为"赵体"。明代吴县人都穆的《南濠诗话》,清代康熙间徐釚的《词苑丛谈》,都载有赵孟頫过扬州明月楼的一段轶事。现据嘉庆重修《扬州府志》,引录如下:

元盛时，扬州有赵氏者富而好客，有明月楼。人作春题，多未当其意者。一日，赵孟頫过扬，主人知之，迎致楼上，盛筵相款，所用皆银器。酒半，出纸笔求作春题。孟頫援笔书曰："春风阆苑三千客，明月扬州第一楼。"主人得之喜甚，尽撤酒器以赠孟頫。

所谓春题，始称桃符，即今之楹联。这副联语，将明月楼风光之好，主人之风雅好客，都写尽了。但这座明月楼，存在亦未很久，三四十年之后，徽州有个舒頔（1304—1377），曾任京口丹徒校官。一日，渡江来游扬州，见到明月楼已经败落，顿生沧桑之感，赋诗一首云：

昔年明月照盈盈，今日楼空月自明。

银甲锦筝歌舞地，寒鸦落日淡孤城。

‖平野轩‖　元代末年建于扬州城中。与明月楼的富丽相比，平野轩自有其清简疏淡悠远的特色。"元四家"之一的倪瓒（1301—1374），于元惠宗至正丙午（1366）九月十一日，在扬州开元寺为平野轩主人作《平野轩图》并诗。诗题中有"国宝照磨有平野轩，在扬州城郭中"等语，可知轩为国宝所建，"照磨"为其官职。元代中书省、行中书省、六部及路总管府皆设照磨，掌理钱谷、案牍、刑狱等。诗载其《清閟阁全集》。其诗曰："雪筼霜木影参差，平野风烟望远时。回首十年吴苑梦，扬州依约鬓成丝。"后两句抒怀，前两句则写园景。雪竹霜林，参差掩映，正是他画中常见的景色，也是他天然幽邃、萧疏旷远山水画风的一种显露。

　　与平野轩风格相近的,则有居竹轩和竹深处。

　　『居竹轩』　在扬州城内。嘉庆重修《扬州府志》载:"元末成廷珪隐居广陵,植竹于庭院间,扁其宴息之所曰'居竹轩'。"成廷珪,字原常,一字元章,又字礼执,扬州人,工诗,尤擅七古。与张翥友善,与杨维桢、杨基、张雨、倪瓒相唱和。不求仕进,奉母居于城中,隐于市廛。元末,避乱吴中,年七十余卒于华亭。其《居竹轩》诗中说:"定居人种竹,居定竹依人。"道出了筑室植竹、建园隐世的初衷。表现出以竹自喻、自励,人竹相依、相映,天人合一、物我两忘的境界。

　　其时,翰林侍读张以宁,称成廷珪为"淮南大隐"。诗中说居竹轩"门外红尘一丈深,开门碧雾秋阴阴"。说居竹轩主人,"风高常与鹤同梦,雨竹或听龙一吟"。元末画家王冕说居竹轩与他家建于万竹丛中的草堂一样,"好风时时动环佩,明月翩翩来凤凰",清雅无比。虽然,居竹轩只是植物单一,并无泉池亭榭,只有萧萧绿竹的一座小小庭院,但它将竹的气节,与人的气节,都融合为一了。自古人们认为竹可以医俗,而居竹轩,则借竹而自喻,轩则借人而存名,这在中国传统文化中,是十分被看重的事。

　　『竹深处』　与居竹轩堪称伯仲的,有竹深处。园在城西,为崔原亨所筑。成廷珪说"余与崔君通家来往,所好相同",并有诗赞竹深处,诗云"崔家别墅尤高致",他与崔家庭院皆广植绿竹,皆因"天与老夫医恶俗,日凭童子报平安",说明植竹美化庭院以外,在文化上,可以"医恶俗",可以"报平安",这隐隐透露出身处元末纷乱岁月,即使避世隐居,心灵上总时时有一种不安的阴影掠过。

　　元代扬州,城南郊瓜洲镇,其东南江滨有江风山月亭。此亭名为亭,实为园,或者说是以亭为主景的园。此处为元代扬州路总管熊汉卿家的别墅,镇南王也曾避暑于此。从张翥《瓜洲与成居竹、王克纯登江风山月亭》诗中称"熊家亭子独凭高",以及明代王艮《瓜洲江风山月亭》诗中"水榭风轩吾旧游"等句,我们约略可见园内主要景色:高亭、水榭、风轩。当然还有花树和园外的浩浩大江。至清初,吴绮咏此亭"高亭百尺水之湄,尽日千帆过槛迟",则多写园外的江上风帆而表达出的沧桑之感了。

元时,扬州东北郊的邵伯镇,还有王伯纯别墅。别墅里有绿竹丛中的青雨亭,有与朋友诗酒过从的石室山房等。

自隋唐而宋元,扬州园林经历了较长的发展阶段,从帝王宫苑、寺庙园林、官筑亭园,到私家园林等等,皆随着国家的治乱与城市经济的兴衰而兴衰,隋代的离宫别苑,唐时的私家园亭,莫不如是。宋代郡圃百年的发展变化,代表着宋代扬州山水园林的发展水平,多花木亭池之胜,富诗书文化韵致。北宋之时,许多来守扬州的官吏,如王禹偁、宋庠、韩琦、欧阳修、刘敞、苏轼等等,都是当时著名的文人。虽然他们之中有些还是宦途失意者,他们守扬时,一面忠于君上,关心民瘼,行政宽简;一面又追求吏隐的生活,徜徉于郡圃内的花木泉池之间,也着意于郡圃外亭堂台榭的砌筑。这种对山水泉林的向往,到南宋时期扬州守官身上,亦存续不辍。他们一面守土任重,忙于边务;一面仍不忘对郡圃的修葺,甚至在军营附近兴建亭园。赵葵守扬时,筑万花园即是如此。宋元时期,私家园林皆少,规模亦小,这显然由于社会经济或时局动荡不安所致。史志上虽记有一些私圃,则多为名人相关,多为园因人而传者。

第三章　扬州园林的成熟时期

（明代中后期至清前期）

从明代中后期起,盐法实行"开中",山、陕"西商"先来,徽商后至,两淮盐业渐盛。在江南造园风气和技术影响之下,扬州园林之中,叠石造山兴起,名园不断出现,计成《园冶》著成。扬州园林经历长期的发展,至此已趋向成熟。再经历清初三朝经济的恢复和发展,扬州的古典山水园林,多追求"虽由人作,宛自天开",园景多崇尚自然,意境深远。本期先后出现的名园有:于园、寤园、影园、休园、乔氏东园、筱园、白沙翠竹江村、纵棹园、万石园、小玲珑山馆等。

一、明中叶后，江南经济发展，造园形成风气

元代末年的长期战乱，使明初的社会经济十分凋敝。洪武年间，朝廷采取了一系列发展社会经济的政策和措施，如下令农民归耕，承认已被垦荒或将被开垦的土地都归农民自有，如免除三年徭役或赋税，如移民屯田，如奖励种植经济作物等等，还组织兴修水利，推行一些有利于工商业的措施。比如洪武二年，朝廷诏令北方各城市附近荒闲土地，分给无地之人耕种，人十五亩，另给菜地二亩，"有余力者，不限顷亩"（《明太祖实录》卷五十三），同时，又约束百官占地造园，"不许于宅前后左右多占地，构亭馆，开池塘，以资游眺"（《明史》卷六十八），限制了私家园林的兴筑。经历了洪武、建文、永乐、洪熙、宣德近 70 年即明前期的努力，社会经济有了显著的恢复和发展。

与扬州关系极大的，一是屯田。洪武、永乐时期的屯田，有民屯、军屯和商屯三种。其中的商屯，又称"开中法"，是由盐商在边地募人屯垦，就地缴粮，向政府换取"盐引"，然后领盐运卖。即嘉庆重修《扬州府志》卷二十一《盐法志》中所称"明初，召商纳粟中盐"，并载明，明代每引为四百斤盐。又据陆师《仪征县志》，"明初，扬州额盐三万引，照县派行"。二是漕运。元代都于燕京，江南之粮分春、夏二次由海运至京。明初建都南京，北方所需之粟，仍由海道北运。永乐十九年（1421），徙都北平起，则罢海

运,复元会通河,又徙黄河故道,南与淮河相接,由平江伯陈瑄专为督理。于是大修高家堰,建清江浦五闸,筑高宝一带湖堤,修江仪等处十四塘,随地区划以接济江淮漕运。

商屯便利了盐商,漕运的畅通给予盐商行盐的便捷。明中后期,山、陕等省盐商以及其他行业的商人不断集聚扬州,对扬州社会经济起了很大的推动作用,扬州的手工业和商业也逐渐活跃繁盛起来。

明代中叶,从英宗到武宗,即正统、景泰、天顺、成化、弘治、正德近九十年期间,江南的经济,特别是农业与经济作物的种植,手工业与商业,首先兴盛,一直到明后期仍不断发展。就地域而言,江南的繁华主要集中在苏、松、杭、嘉、湖五府。由于经济基础比较殷实,朝廷禁令又渐渐松弛,致仕官员纷纷归里筑园,并形成风气。此时,如上海有豫园、露香园、日涉园,松江有熙园,苏州有徐参议园、怡老园、徐同卿园、范允临天平山庄、赵宦光寒山别业、拙政园、集贤圃、梅花墅、谐赏园,太仓有弇山园,无锡有寄畅园、愚公谷等等,都是具有规模、园景幽深的名园。此时的江南还出现了专业造园的工匠和善于掇山造园的世家。

二、明代扬州园林概述

(一)官筑园林

明代扬州的官筑园林,前期无所建树。见于志乘,最早出现的是正统十三年(1448),工部尚书周忱建于瓜洲江岸石堤上的江淮胜概楼。楼宽五楹,"上辟窗牖,中置几榻以处使客贵游之士,下通其中,为路其旁,以息行旅,……而登楼者可纵目一览江山之胜,遂名楼曰江淮胜概。……登楼四望,大江南来,浩渺无际,金山峙于中流,而京口诸峰罗列如屏障,景物之胜,举在目前"(明王英《江淮胜概楼记》)。算算时间,这明代扬州最早建成的官筑景点,已是朱明王朝开国的八十年后,到了明代的中叶。

接下来,经过景泰、天顺、成化,到了弘治年间,才又见兴筑。弘治九年(1496),扬州府同知叶元在汶河(市河)上,建文津桥。弘治十三年(1500),冯允中来扬州任巡盐监察御史兼理河道,在察院内建宪度余思轩。"宪度",即"法度"。冯允中的同年好友储巏在《宪度余思轩记》中说:"用是榜诸楣,出入恒观省焉",可见建轩是为了自警自励。嘉靖四年(1525),巡盐御史戴金,在察院内建台鉴亭,自作亭记,谓:"鉴之义大矣哉!唐史谓以人为鉴,可知得失,诚确论也。卓彼先哲,实为我师,愧无以承其后,每悚然弗胜。"其义与冯允中筑轩相同。嘉靖七年,巡盐监察御史李钺,又于察院建劲节亭,其属吏胡尧时有《劲节亭记》,记中有李公曰:"察院寝之北有隙地,方可六七丈,故有竹数十本,余雅爱之,因结亭于其南,名曰'劲节',以自励也。"嘉靖十四年,余姚徐九皋来任巡盐监察御史兼理河道,改劲节亭之名为仕学轩,他在《仕学轩记》中说,是为了提倡"仕优则学"之义。同时,他将察院行台西圃之轩,易名为"后乐轩",表明应学范仲淹"士当先天下之忧而忧,后天下之乐而乐"。此外,他在察院内又建"一鉴亭",并为之赋诗四首,其中谓:"柏欲凌霄上,梧全与鹤闲。文鱼屯水曲,素鸟没云间。""环亭幽草合,一鉴浚源开。苔破行云入,人归浴鸟来。风文依石槛,日色隐层台。"可见,察院内树木葱茏,拥一鉴清波,鱼沉鸟飞,亭台间溢着幽静。从冯允中到徐九皋的三十多年里,在察院的一隅,建轩筑亭,目的是为了自励品节,同时也点缀了空间,增荣饰观,让察院具有了园林的形态。

到了嘉靖四十五年（1566），江都县训导顺德人欧大任在学廨西偏筑苜蓿斋。他在《苜蓿斋记》中说："嘉靖丙寅六月，欧子赴江都学官。秋冬之际，始于廨之西葺理小斋，读书于其中。斋后有园，地皆硗确，杂以瓦砾，雨后尽种苜蓿，因题曰苜蓿园。客尝满斋中，相与谈尧舜周孔之道，食盘半苜蓿，意萧然适也，乃亦以苜蓿名斋。"虽然，学廨内有园有斋，"客尝满斋中"，与建园者的心境旨趣，都十分疏淡和谐，但可观的景物，也实在空乏得很。

时至万历年间（1573—1620），巡盐御史蔡时鼎，在文津桥上建文昌阁。知府吴秀浚市河，筑梅花岭，建偕乐园。江防同知邱如嵩在瓜洲建大观楼，这是明代后期颇可称道的官筑的胜迹。

‖文昌阁‖　在今文昌中路与汶河路交汇处的中心绿岛上。万历十三年（1585），两淮巡盐御史蔡时鼎于市河文津桥上建造此阁，阁上祀奉文昌帝君。明代，扬州府儒学在府后儒林坊，江都县学，亦在汶河之侧；梅花书院在广储门外，皆在文津桥四近。其时，

文昌阁（王虹军摄）

南郊古运河畔的文峰塔已于万历十年建成，与此阁南北遥相呼应，阁名"文昌"，意在祈望扬州文运昌隆。

后不久，阁毁于火。万历二十四年，江都知县张宁重建。阁八面三层圆檐，上置宝瓶状顶，下辟四拱门。南北两边拱门上额"文昌阁"。后经多次修葺，经风历雨，兀立至今。

原文津桥下可通湖上画舫，后河道淤塞，渐成污废水沟。20世纪50年代，填埋而成汶河路，阁亦立于平地台基之上，成为城市的地标之一。

‖偕乐园‖　在广储门外，万历二十年（1592）知府吴秀浚市河，积土成岭，岭上尽植梅花，因称梅花岭，又环岭筑亭馆台榭，用以接待州县吏属与四方宾客，称平山别墅，又称偕乐园。

‖大观楼‖　在瓜洲南城上，万历七年（1579）扬州府同知邱如嵩建。清代顺治十六年（1659），海舟入犯，楼毁于火。康熙元年（1662）江防同知刘藻重建。重建的大观楼，是刘藻"自捐俸金，为厅三楹，厅前作小卷三楹"，虽未建为两层，但增高了楼的基台。因此看起来，楼的规模、高阔，与旧楼大致相等。并将名流题咏汇置于壁间。楼临浩浩大江，"长江万里如带如萦。其上，则三山巍峨，龙虎之所盘踞也。其下，则三江浩瀚，奔涛赴海，日月之所吞吐沐浴也。当前润城诸山，屏立笋苗，相就如几案间物，以至烟岚晴霞之变现，风涛之汹歘，云树之出没，其胜无不毕萃"。于其上，可以"阅楼船试战士，坐论之顷，于以消鲸波而致海晏，盖不独恣其游览，吟风醉月而已也"（刘藻《重建大观楼记》）。后来，王士禛亦有记，他说楼之"宏丽高明，倍于畴昔"，与刘藻自记相比，刘说得平实，王则有点溢美。

（二）寺观园林

明代寺观园林,除成化(1465—1487)初,道士陈永晖在蕃釐观内建竹轩、花亭外,最主要的寺园建筑,则是万历十年(1582)建成的文峰塔及寺。

‖文峰塔‖ 建于扬州城南郊古运河东岸。据嘉庆重修《扬州府志》卷之二十八"寺观一",塔为少林僧镇存托钵维扬,至南关外福缘庵结夏安居,有感于古印度阿育王传播佛教,曾在全国建塔八万四千座以藏佛骨的事,而发愿心欲建宝塔。时御史邵公按部扬州,知府虞德华"闻而嘉之,给帖化募"。镇存则以演武形式募化集资,扬州多名商估客,见镇存"距跃曲踊、技击剑舞之状若猿猱鬼神而骇焉,争出其赀,以佐木石、砖甓之费,可三千金,不三载,而塔成"。邵公取堪舆家之言,以此塔可为一方科甲之助,昌隆扬州文运,遂榜之曰文峰塔。

镇存俗姓杨,名天祥,他在出家少林、建塔维扬之后,复又还俗,"犹不能忘情于兹塔",拜乞兵部侍郎王世贞,为塔作记。以上即引自王世贞《文峰塔记》。《记》最后说:"塔既成,其檐角宝瓶、木铃,则今住持僧任之,僧名亦镇存,固不偶也。"

塔建成后,寺亦随之建成。康熙《扬州府志》卷十九"寺观"载,寺为住持僧真玉建,因塔,寺亦以文峰为名。

上述镇存事迹,是一个很典型的僧徒心感于佛,发愿建塔,托钵演艺募化三年,建成宝塔的故事,他募建的是一座佛塔,因建于城南古运河水流三湾岸畔,就有了镇水的作用,而当政者依堪舆家言,又借此寄寓了兴一方文运的希望,而名之为文峰塔,这是封建社会普遍存在而以明代为最的一种社会现象。其背景与明代前期诸帝十分重视教育有关。

文峰塔后续的故事也令人振奋,其一为建成四百多年来,曾经历两次地震而不倒，一次在明代天启三年（1623）二月十日，地震6级，扬州为震中之区；一次在清康熙七年（1668）六月，山东郯城8.5级大地震，波及扬州，文峰塔仅塔尖受损坠地。翌年，由天都闵象南出资修复。

清咸丰三年（1853），文峰塔在清军与太平军交战的战火中被烧，只剩塔身砖心，民国初僧众发起重修，至1923年修复。里人陈含光为之撰《新修文峰塔记》。文峰塔四百年中经历两次地震、一次兵灾，在天灾人祸后终于涅槃重生了。

后续故事之二，文峰塔至清代乾隆时，有"文笔"之喻，而称其近处之南湖为"砚池"，遂题南湖之景为"砚池染翰"，此为南湖借文峰塔而生之景。

今日文峰塔已成为江苏省内保存得最为完好的一座明代宝塔。

（三）私家园林

从史志及当时诗文多种资料中梳理，明代扬州最初出现的私家园林，为永乐九年（1411）的皆春堂。堂在南柳巷，为一御医宅园。其后，过了数十年，观音山东偏，有宣德间进士梁亨所建的红雪楼。建于明代中后期的私园较多，如藏书万卷楼、菊轩、王给事宅、竹西草堂、康山草堂、李春芳宅、阎氏园、冯氏园、员氏园、五亩之宅二亩之间、王氏园、嘉树园、影园、慈云园、迁隐园、小东园以及张伯鲸之灌木山庄、阮玉铉的深柳堂、高心耕的依绿亭、阎含卿的二分明月庵、杜禹洲的水月居等等。另外，瓜洲的于园，真州的寤园、休园、小林泉、青莲阁、丽江园、澄江园，宝应的泾上园、李通政园等等，都是有一定规模或景点众多的园林。

三、明代中后期扬州园林发展趋于成熟

纵观明代扬州园林发展的趋势,自洪武至宣德的数十年,即明前期,由于社会经济还处于逐步恢复阶段,此时建园甚少,规模偏小,不论官建民建,园景只是比较单一的亭、轩、楼、堂形态,贫于山水池泉。经历数十年的发展,到了明代中后期,农业、手工业都发展到了较好的水平,盐业、漕运的发展又带动了交通和商业的繁盛,这是园林兴造的经济基础。同时,由于江南造园风气的影响和造园技艺的日臻成熟,大大推动了扬州的造园活动。

明代中后期,扬州园林发展走向成熟的三个标志:园中叠石兴起;名园开始出现;计成于扬州著成《园冶》。

(一)园中叠石兴起

园林叠石,是我国特有的造型艺术,是让园景富有山林意趣的重要手段。叠石造山还能分隔空间,增加园林景深层次,组织连络建筑、池泉、花木,并与之组合成景等等。因此叠石的运用也成了园林兴造的要素之一。从扬州园林的历史看,除了隋代大业年间兴筑的离宫别苑,由于记载缺乏,不知这些苑圃中用石、叠石的情况外,大量的官筑、僧砌及私家园林中,皆少叠石的记载。其原因,一为扬州为冲积平原,四近缺山少石,北郊只有土阜延绵的蜀冈,明清时期的康山、梅花岭、小金山等等“山”、“岭”,均为浚河积土而成。园林叠石不能像江南城市山林可以就地取材,就近用石;二为财力与运力所限;三为造园主人多为致仕官员与一般富有绅商,讲求宅后或宅旁建园,满足于花木掩映中的亭台楼阁、小有泉池之胜,于是筑园多依水傍岸或凿地为池,或引水入园,即所谓“名园依绿水”,所谓“无水不成园”。而对“山”,多依乎

"借"。以致从唐宋到元明，许多园中几乎不立一片石，多借江南数重山。

而自明中后期起，扬州园林中，叠石造山为景的情况已普遍可见。园林兴筑，掇山、理水、建筑、花木四项基本要素，始臻完备，园景也更富有层次，更富于自然山林意趣，这是扬州园林发展趋向成熟的重要标志之一。

现从遂初园到于园，看叠石在扬州园林中的变化和应用。

我们先看筑于正德、嘉靖间的遂初园。其时吴中郑若庸有《遂初园记》。记中说，园中竹树掩映间，有涵晖、驻景、揽秀三亭，揽秀亭北为三楹"小谷精舍"，丹膜藻绘，图史参列。其旁有崇轩"息宾"，其制亦如精舍。亭舍四周，疏樊曲栏，奇花异石环布，位置各中天造，逶迤盘折。园虽不广却自然精巧，幽曲多趣。当时扬人皆哗然羡之。

记中"奇花异石环布"之语，告诉人们，其时遂初园里已用了不少各具形态的石头，是埋石、点石，是叠石小品，还是立峰，都不知道。可是到了数十年后的万历年间，扬州城南郊瓜洲建起了一座于园，园在瓜洲镇北门外之五里铺广丰庄，为富商于氏之园。是园建成之后，未有园记，我们只能从明末清初的一些诗文中一窥园中景色。

1. 明末名士如皋冒襄（1611—1693），字辟疆。他在《崇祯辛巳正月南岳省亲日记》中说："（正月）二十三日，风愈炽，同游于氏且园，携樽消闷，联舆二里许，（园）地连平野，环碧水而带层山。（其时）梅萼初吐，积雪盈径。由良对堂绕廊至屋里青山阁上，则余三日前梦到处也，异哉！游屐未来，梦魂先至，婆娑久之。小饮归来，复飘六出，作游园诗二首。"诗中有"共访名园恣往还"、"清

浅浮烟笼翠筱,横斜顾影送香鬟"、"步回雪径山逾峭,笑指寒林
云自闲"描写园中景色之句。崇祯辛巳为1641年,明亡之前四年。
于氏园亦名且园,冒襄以"名园"称之。

2. 明末清初,山阴张岱(1597—1679)曾寓居是园,他在《陶
庵梦忆》卷二"焦山"中说"仲叔守瓜洲,余借住于园。"同书卷
五有"于园"条,现摘引如下:

> 于园在瓜洲步五里铺,富人于五所园也。非显者刺,则
> 门钥不得出。葆生叔(按:葆生,张岱之仲叔,即张联芳,字尔
> 葆,山阴人,官扬州司马。)同知瓜洲,携余往,主人处处款之。
>
> 园中无他奇,奇在磊石。前堂石坡高二丈,上植果子松
> 数棵,缘坡植牡丹、芍药,人不得上,以实奇。后厅临大池,池
> 中奇峰绝壑,陡上陡下,人走池底,仰视莲花,反在天上,以空
> 奇。卧房槛外,一壑旋下如螺蛳缠,以幽阴深邃奇。再后一
> 水阁,长如艇子,跨小河,四围灌木蒙丛,禽鸟啾唧,如深山茂
> 林,坐其中,颓然碧窈。
>
> 瓜洲诸园亭,俱以假山显。胎于石,娠于磊石之手,男
> 女(按:旧时对地位卑下者的称呼,此指磊石的匠人。)于
> 琢磨搜剔之主人,至于园可无憾矣。

3. 清初黄云(1621—1700)诗中,说于园中有"岳起阁",并有
"江上名园"、"百年兴废"之词,约略可知是园建于万历之初。

从上述冒、张、黄有关的诗文看于园,我们可以梳理出以下
几条:

1. 于园在瓜洲之五里铺,地连平野,环碧水而带层山,园中

有良对堂、青山阁、岳起阁,后有厅临大池,树木茂密,禽鸟啾唧。

2. 于园以叠石称奇:叠石技艺高超,叠石匠师及叠石造园的主人,到于园来观摩,都可有所得而无遗憾。

3. 瓜洲诸园亭,俱以礌石显。

从扬州园林叠石历史的视角来认知于园,其园中叠石的运用,是大量的,空前的,叠石的技艺是纯熟的,高超的;从张岱、王士祯的笔记和诗歌看,叠石还是于园的主景。这些都是扬州园林前所未有的变化,产生这一变化的条件,除了造园主人自身的文化素养、阅历、喜好和需求之外,江南园林中叠石之风的影响和叠石匠师的到来,以及盐运漕运的发达等等,都是于园在万历年间能够建成一座"奇在礌石"之园的必要条件。

另外,从张岱《陶庵梦忆》中"瓜洲诸园亭,俱以假山显"到一百五十年后李斗《扬州画舫录》中"扬州以名园胜,名园以垒石胜"的描述,亦可见明代中后期,叠石在园林中已较多出现,叠石技艺甫一开始,即令人称奇,这应该是扬州园林在造园技艺发展上,走向成熟的一个标志。

从明代中后期开始,扬州园林,特别是在一些后期名园的兴筑时,叠石石材从江南或其他产地辇运而至,一座座峰峦从亭台楼阁间耸峙而出,一批批一茬茬叠石匠师,来自四方,传承着技艺,终于在江南以苏州为中心的叠石流派苏派之后,形成了叠石的扬州流派,即为扬派叠石,到乾隆时发展成熟。

(二)名园开始出现:于园、寤园、影园

1. 于园

于园,依张岱所记,是一座以叠石为胜的园子,依冒襄日记、黄云诗咏,则是一座"名园"或"江上名园"。

在万历后期张宝臣撰写的松江《熙园记》中，结尾有下面一段文字，让人想到"失踪"了数百年的"江都之俞"，或即是瓜洲于园。《熙园记》曰："梓泽、平泉，遐哉邈矣。以余耳目所睹记，如娄水之王、锡山之邹、江都之俞、燕台之米，皆近代名区。"这段话的大意是说晋代石崇的金谷园和唐朝李德裕的平泉庄，这些历史上的名园，都早已消逝了，以我耳闻目睹，如娄水的王氏、锡山的邹氏、江都的俞氏、燕台的米氏，几家园子都是近代的名园。娄水即太仓，锡山即无锡，江都即扬州，燕台即北京。

1983年陈植、张公弛编集的《中国历代名园记选注》中，收入了《熙园记》，其相应的注释为："太仓王世贞'弇山园'，无锡邹迪光'愚公谷'，北京米万钟'勺园'，皆创建于万历间。扬州俞氏园，待考。"二十多年后，即2004年，同济大学出版社出版了陈从周、蒋启霆选编，赵厚均注释的《园综》，其中亦收录了《熙园记》，对此句的注释为："娄水之王，即太仓王世贞弇山园。锡山之邹，即无锡邹迪光愚公谷。江都之俞，扬州俞氏园，不详。燕台之米，即北京米仲诏勺园。诸园皆有名于时。"两本书中对"江都之俞"的说法，一致地都说它是万历年间的名园，同时对其情况也是"待考"或者"不详"。但这是研究扬州园林史绕不过去的一个问题。

查阅扬州包括江都的史志，再旁及笔记、诗文，明代万历或万历之前，皆无俞氏之园，再回过头来看《熙园记》中的文字，其中在说到"娄水之王"等四园之前的词语："以余耳目所睹记"，如果可以说成"以我耳之所闻，目之所睹"的话，则"江都之俞"也可能是张宝臣耳之所闻，即所听说到的，"江都之俞"可能即是"江都之于"之误。这种情况还有一个例证：

谈迁（1593—1657）是明末清初著名的历史学家，他在《北游录》曾记叙过瓜洲有个"余氏南园"。

清顺治十年（1653）闰六月，谈迁自家乡浙江海宁沿运河北上，七月初六驶抵瓜洲，逗留两日，对瓜洲形成的历史等等一一分析记载。后经扬州北上。到顺治十三年（1656）二月，他从京城返乡，五月初六再至扬州，次日便南下瓜洲，作二日之游。他在《北游录》中写道："……因市饮，从故道阑入余氏南园，楼台虽圮，树石如故，娑罗花尤奇。余氏之富五世矣。其先贩鸡畜，有大贾奇之，借箸起家巨万，高杰之乱而园坏，今田园俱易主。东南有丹徒华氏园，不及问而还。"

瓜洲没有余氏园或余氏南园，谈迁笔下的余氏园，应为于氏园。但《北游录》中还有园主人的发迹，以及崇祯末园为高杰兵乱所毁的记述。

综上所述，明代中后期，扬州名园最初见到的，即是万历年间瓜洲的于园。

2. 寤园

（1）寤园筑于崇祯四年（1631），地在仪征新济桥西。寤园，后称荣园、西园。

寤园为明代杰出造园家计成为汪氏所筑。计成《园冶·自序》中有"时汪士衡中翰延予銮江西筑"，銮江为仪征古代别称之一。寤园在县志上称荣园。仪征县志说，荣园在"新济桥西"，"新济桥在县西五里"，与计氏自序中"銮江西筑"之语亦合。

道光时，县志称述是园时，又有"西园"之名，以园在县之西之故。

寤园之名，不载于县志，只见于《园冶》书前阮大铖《冶叙》及其诗作，以及《园冶》一卷"屋宇"叙写"廊"的条目中。计成《园冶》卷一"屋宇"之十五"廊"："廊者，庑出一步也，宜曲宜长则胜。古之曲廊，俱曲尺曲。今予所构曲廊，之字曲者，随形而弯，依势而曲。或蟠山腰，或穷水际，通花渡壑，蜿蜒无尽，斯寤园之'篆云'也。"

计成《园冶》之《自序》，即作于寤园落成后的崇祯四年秋末，写于寤园内之扈冶堂中。

（2）寤园园景

寤园园景无全面描述文字，从有关诗文资料或可见其大概：

计成《园冶·自序》："时，汪士衡中翰延予銮江西筑，似为合志，与又予公所构（按：即计成在常州为吴又予所构之园），并骋南北江焉。……姑孰曹元甫先生游于兹，主人偕予盘桓信宿。先生称赞不已，以为荆关之绘也……"

这段话中的主要之点有二：其一，计成觉得寤园构筑得还比较满意，可以与他先前在常州为吴又予所筑的园子并称于大江南北。其二，是曹元甫称赞游于寤园，仿佛置身于五代关仝、荆浩的山水画里。

从阮大铖写寤园的诗文看：

阮大铖在《园冶》书前之《冶叙》中说（按：时阮在南京）："銮江地近，偶问一艇于寤园柳淀间，寓信宿，夷然乐之。乐其取佳丘壑，置诸篱落许，北垞南陔，可无易地。将嗤彼云装烟驾者汗漫耳。"大意是说计成能将优美的山水景致，罗致于园中，园中每一景观，皆无可易地。可笑那些远游者贪看别处山水，真是多此一举。

阮大铖《咏怀堂诗》乙集《宴汪中翰士衡园亭》，除却抒怀的文字，与园景有关的内容为"倒景烛沧波"，"高咏出层阿",“桃源竟何处,将以入青云。众雨传花气,轻霞射水文。宕深虹彩驻,淀静芷香纷",“神工开绝岛,哲匠理清音。……墨池延鹊浴,风筱洩猿吟",“缩地美东南,壶天事盍簪"。你看,园中山岩幽深,岩间坡上繁花盛开如虹彩一般,水池波平浪静,微风中白芷红荷飘散缕缕清香。墨池边鹊鸟在欢快地泼水洗浴,竹丛经风发出一阵阵似猿吟的声音。在这如壶天胜境中,朋友相聚,多么美好。集中还有《銮江舟中》《从采石泛舟真州遂集寤园》《计无否理石兼阅其诗》等等。

明末清初施闰章(1618—1683)《荣园》诗:“叠石郁嵯峨,苍茫气象多。高低成洞穴,庭槭俯山河。巢集临江鹤,花生带雪柯。向来歌舞地,长卧老藤萝。"可见荣园之胜,在于叠石。

张岱《陶庵梦忆·于园》条中最后记曰:“仪真汪园,辇石费至四五万,其所最加意者,为‘飞来’一峰,阴翳泥泞,供人唾骂。余见其弃地下一白石,高一丈,阔二丈而痴,痴妙;一黑石,阔八尺,高丈五而瘦,瘦妙。得此二石足矣,省下二三万收其子母,以世守此二石何如?"从张岱记中,汪园辇石费用之多及“飞来"峰与黑白二石看,汪氏园中用石之多之精是空前的,亦可想见园中叠石造山(如灵岩)及立峰之美。

李坫,明末仪征人,曾以明经授山东日照县令,归里后,与修崇祯《仪征县志》,他有《游江上汪园》:“秋空晴似洗,江上数峰蓝。湛阁临流敞,灵岩傍水含。时花添胜景,良友纵高谈。何必携壶榼,穷奇意已酣。"

康熙《仪真县志》:“荣园,陆志云:在新济桥西。崇祯间汪氏筑。取渊明‘欣欣向荣’之句以名,构置天然,为江北绝胜。往来巨公大僚,多宴会于此。县令姜埰不胜周旋,恚曰:‘我且为汪家守门吏矣。'汪惧而毁焉。一石尚存,嵌崎玲珑,人号'小四明'云。又有一石,曰美人石。国朝阮中丞元易名湘灵峰。"仪征籍画家汪鋆(1816—?)有《湘灵峰图》,作于同治戊辰(1868)闰四月十三日,题款中还有"与芜湖高郁阁、同邑(按仪征)何瑞荷同观,汪鋆写景并识"。

道光《仪真县志》载:"西园,胡志云:在新济桥,中书汪机置。园内高岩曲水,极亭台之胜,名公题咏甚多。"有学者说:"古人名号意义,多有联系,晋陆机字士衡,疑汪机亦以士衡为号,殆纳赀报捐中书者。"康熙《仪征县志·选举志》载:"崇祯十二年,汪机奉例助饷,授文华殿中书。"毫无疑问,西园园址、主人等,皆与寤园相同,应是同一座园子。

因此,大致可以推断,该园园名,在《园冶》及《冶叙》等阮大铖之有关诗文中称寤园,而在县志中称荣园、西园。

《仪征史话》(1985年仪征县志编纂委员会办公室编):"寤园在湖西钥匙河上的新济桥附近,园内有湛阁、灵岩、荆山亭、篆云廊、扈冶堂等建筑,高岩曲水,极亭台之胜。"

由于记载的缺失,我们只能从这些诗文的碎片中,拼凑出寤园的一个大致面貌,来感知这"构置天然,为江北绝胜"的一代名园。

3. 影园

影园在扬州城西南湖中长屿南端,园为盐商世家出身的郑元勋别业。

郑元勋(1603—1644),字超宗,号惠东,工诗能绘。祖籍歙县,祖父郑景濂始迁扬州,以盐筴起家,成巨富。父,之彦,生四子。元嗣构有五亩之宅二亩之间及王氏园,超宗有影园,赞可有嘉树园，士介即超宗幼弟，至清顺治间筑有休园。超宗于崇祯十六年中进士。十七年，高杰于扬州城外纵兵大掠，超宗单骑入其营，责以大义，杰敛兵五里外。回城时被疑，为人误杀。

崇祯五年冬，董其昌客邗上，时郑元勋已卜得峋上废圃，将以营园。因地在柳影、水影、山影之间，董遂题之为影园。崇祯七年，延请杰出造园家计成设计规划，并指挥施工。园"八阅月粗具，经年而竣"。

郑元勋于崇祯十年，有《影园自记》。

茅元仪于崇祯十三年，有《影园记》。

计成为人所筑之园，可稽考者仅常州吴又予园、仪征汪氏寤园及扬州郑元勋影园，另外还有南京阮大铖石巢园。影园又为计成最晚的作品，是闻名大江南北的一座名园，也是计成所建诸园中唯一留有园记的一座。现从以下几个方面加以叙述。

（1）影园的择地与园内地貌

《影园自记》说：影园园址，原为"城南废圃"，在城之阴，地虽平旷，"但前后夹水。隔水蜀冈，蜿蜒起伏，尽作山势。环四面，柳万屯，荷千余顷，萑苇生之。水清而多鱼，渔棹往来不绝。春夏之交，听鹂者往焉。以衔隋堤之尾，取道少纡，游人不恒过，得无哗"。而若"升高处望之，迷楼、平山（堂）皆在项臂，江南诸山，历历青来，地盖在柳影、水影、山影之间"，董其昌"因书'影园'二字为赠"。园之近处，河对岸，有阎氏园、冯氏园、员氏园等旧园，"园虽颓而茂竹木，若为吾有"。

可见，影园择地优越，东西两面夹水；北有蜿蜒尽作山势之蜀冈，平山堂、迷楼在望；南则遥见江南诸山。隔水有诸旧园繁茂之竹木，近处水边高柳环立，水中又尽荷芰。可谓远借、近借皆有。

影园复原鸟瞰图(录自吴肇钊著《夺天工》)

计成说借景"俗则屏之,嘉则收之",影园能收之嘉景甚多,连山影、水影、柳影皆为园有矣。

据《影园自记》,园之东、南、西三面为夹河环抱,园内地势平旷,中有曲岸宛转的大池。计成《园冶·相地》中说:"卜筑贵从水面",又说"江干湖畔,深柳疏芦之际,略成小筑,足征大观也"。由于择地上佳,就让一座名园的兴筑,有了一个十分合宜的基础和环境。

(2)影园园景

依照园记,现将园景分为四节引述。

园门一区(在园之东南):

园自东面过桥而入。"入门山径数折,松杉密布,高下垂荫,间以梅杏梨栗。山穷,左荼蘼架,架外丛苇渔罟所聚。右小涧,隔涧疏竹百十竿,护以短篱。篱取古木槎牙为之;围墙甃以乱石,石取色斑似虎皮者,俗称虎皮墙。小门二,取古木根如虬蟠者为之，入古木门，高梧十余株，交柯夹径，负日俯仰，人行其中，衣面化绿。再入门，即榜'影园'二字，此书室耳。"

自"入门"过"小门二"，至董其昌题榜之"影园"门，依堤傍涧，山径园路高下曲折，高树繁花掩映，门、篱、围墙，皆古朴自然。从"入门"到"再入门"之间一段，积土成山径，掘地成小涧，布置竹树，护以短篱，甃以乱石为围墙，门以古木为之……一段平常小路，制作得幽深多景多趣，令人有渐入佳境之感，此为影园的引景艺术。

玉勾草堂、半浮阁（在大池西南）：

玉勾草堂宏敞轩豁，远处碧水翠木之色，皆可映入。门窗槛栏形制，皆不同常式。堂后为池，池外为堤，堤多高柳，柳外为河，河对岸亦高柳，诸旧园皆在高柳茂竹中，沿岸柳树连绵不尽，黄鹂啼鸣不绝。

"临流别为小阁，曰'半浮'。半浮水也，专以候鹂。"阁外置一小舟，名曰"泳庵"。

"堂下旧有西府海棠二，高二丈，广十围，不知植何年，称江北仅有，今仅存一株。"

堂后之池，"绕池以黄石砌高下磴，或如台，如生水中，大者容十余人，小者四五人，人呼为'小千人坐'。趾水际者尽芙蓉；土者，梅、玉兰、垂丝海棠、绯白桃；石隙种兰、蕙、虞美人、良姜、洛阳诸草花"。茅元仪《影园记》中记叙曲池之石景花木如下："以石为磴，或肖生公石，或出水中，如郭璞墓。芙蓉千百本夹其傍，如金谷合乐。玉兰、海棠、绯白桃护于石，如美人居闲房。良姜、洛阳、虞美人，曰兰、曰蕙，俱如媵婢，盘旋呼应恐不及。"

淡烟疏雨（庭院）、菰芦中（亭）、湄荣（亭）（在大池西侧）：

"渡池曲板桥,赤其栏,穿垂柳中, ……桥尽(见)石刻'淡烟疏雨'四字……入门,曲廊左右二道,左入予读书处,室三楹,庭三楹,虽西向,梧柳障之,夏不畏日而延风。室分二,一南向……窗外方墀,置大石数块,树芭蕉三四本,莎罗树一株,来自西域,又秋海棠无数。布地皆鹅卵石……一窗作栀子花形,以密竹帘蔽之……左一室东向……庭前选石之透、瘦、秀者,高下散布,不落常格,而有画理。室隅作两岩,岩上多植桂,缭枝连卷,溪谷崭岩,似小山招隐处。岩下牡丹、西府垂丝海棠、玉兰、黄白大红宝珠茶、磬口蜡梅、千叶榴、青白紫薇、香橼,备四时之色,而以一大石作屏。石下古桧一,偃蹇盘蹙;拍肩一桧,亦寿百年,然呼'小友'矣。"

石侧转入,启小扉,一亭临水,菰芦幂历,"题以'菰芦中'。……秋,老芦花白如雪,雁鹜家焉。昼去夜来,伴予读……盛暑卧亭内,凉风四至,月出柳梢,如濯冰壶中","由'淡烟疏雨'门内廊右入一复道,如亭形……拟名'湄荣'"。

一字斋(庭院)、媚幽阁(半阁)(在大池之北):

湄荣亭后有小径二,一入六角形洞门,有"室三楹,庭三楹,曰'一字斋'……(为)课儿读书处。庭颇敞,护以紫栏,华而不艳。阶下古松一、海榴一、台作半剑环,上下种牡丹、芍药。隔垣见石壁,二松亭亭天半"。

半阁在湄荣亭后,"径之左,通疏廊,即阶而升,陈眉公先生曾赠'媚幽阁'三字,取李太白'浩然媚幽独'之句,即悬此。阁三面水,一面石壁。壁立作千仞势,顶植剔牙松二……壁下石洞,洞引池水入,畦畦有声。洞旁皆大石,怒立如斗。石隙俱五色梅,绕阁三面,至水而穷,不穷也,一石孤立水中,梅亦就之……阁后窗(直)对(玉勾)草堂,人在草堂中,彼此望望,可呼与语,第不知径从何达"。

园之北,"别有余地一片,去园十数武,花木豫蓄于此。以备简绌。荷池数亩,草亭峙其坻"。

（3）影园造景艺术

计成是明代杰出的造园家；郑元勋工诗能绘,也懂得造园。两人又是很好的朋友。郑元勋在《园冶·题词》中说:"予与无否交最久……予自负少解结构,质之无否,愧如拙鸠。"他自谓在造园方面,虽然"少解结构",但与计成（无否）相比,还差得很多。而这一客一主,两人联手,又以计成来规划,并指挥施工筑造,筑成之后园主人郑元勋十分满意,后世的文人和园林专家则称影园为明代江南园林的代表作品,其筑园艺术又表现在何处呢?

从时间上说,影园是计成所筑诸园中最晚出的一座园林,也是在计成整理总结前人和自己造园经验,著作《园冶》以后所筑的一座园林。从这一点出发,我们既可从影园的筑造中,看到《园冶》中总结的一些经验的具体化,又必须从中看到计成在《园冶》之后在实践中的某些新的启示,哪怕它是极些微的,但也是弥足珍贵的。从这一视角来观察研究影园的兴筑艺术,是十分有好处的。

影园建成后,郑元勋在《园冶·题词》中说:"……地与人俱有异宜,善于用因,莫无否若也。即予卜筑城南,芦汀柳岸之间,仅广十笏,经无否略为区画,别现灵幽。"在《影园自记》最后写到:"是役八月粗具,经年而竣,尽翻成格,庶几有朴野之致。又以吴友计无否善解人意,意之所向,指挥匠石,百不一失,故无毁画之恨。"这些话出自工诗能绘的郑元勋之口,是说园子造得很好,如山水画卷，无一处败笔，又多古朴而自然的韵致。

我们从《影园自记》、茅元仪《影园记》以及计成《园冶》中的相关部分，对影园兴筑艺术，大致可提出如下几点细加品味：

第一，巧于因借，又与园景兴筑相结合。

借景是筑园的重要艺术，有远借、近借等名目，一园之中诸景间之互借得法，园景的层次则丰富而幽深。如影园中央水池、水面宽广、池南之玉勾草堂，直对池北之一字阁；一字阁隔着人工深涧与其西北偏石壁后的媚幽阁等等，都是由于互相因借，在水、树的映照下，显出丰富的层次景深。

第二，影园建筑，分布讲求节奏，形式讲求古朴而疏简，意在与环境融合，追求诗情画意静美的意境。

其一，分布与节奏，影园以园内池水为中心，环池高树繁花中分布三四组建筑，每处以一堂如"玉勾草堂"，或一阁如"媚幽阁"，或一庭院如"淡烟疏雨"、如"一字斋"为主，而以邻近它们的亭、桥、半阁等等或为辅，或为过渡，构成彼此独立又互相联系的几区景观。此于前文"影园园景"中，已有引述。如此规划和安排，则如音乐节奏分明，舒疾自如；如绘画，点染成趣，错落成景。

其二，建筑多古朴疏简。堂不过三五楹，亭皆小，阁则半，但都与它们的环境十分融合。如玉勾草堂，在水一方，"四面池，池尽荷，堂宏敞而疏，得交远翠"，堂在景中，而堂宏敞，又是为了纳景。如"一字斋"庭院，"庭颇敞，护以紫栏，华而不艳"。如"淡烟疏雨"庭院，"室三楹，庭三楹，虽西向，梧柳障之"。一南向窗外又置石、植树。"一窗作栀子花形，以密竹帘蔽之"。庭前又高下散布湖石，又作两岩，岩上岩下桂盛花繁，一大石屏前更有两株古桧,夭矫盘曲。这个庭院为园中之园,它的建筑已完全与窗外、庭前树、石融合,它附近的"菰芦中"虽是一临水小亭,亦充满着如画如诗的情致。《自记》中说:"一亭临水,菰芦幂历,社友姜开先题以'菰芦中',先是鸿宝倪师题'潄翠亭',亦悬于此。秋,老芦花白如雪,雁鹜家焉。昼去夜来,伴予读,无敢欢呶。盛暑卧亭内,凉风四至,月出柳梢,如濯冰壶中。薄暮,(在亭中)望冈上落照,红沈沈入绿,绿加鲜好。行人映其中,与归鸦相乱。"如此,则体宁心恬。从这一临水小亭所处的环境,和内含的人文及秋老芦白之美,夜读其中感受到的宁静愉悦,以及盛暑卧于其间的适意与蜀冈落照中奇丽的景色等方面,让我们看到小亭在时序变化时的景色及纳景之美,以及筑造此景的意境追求。

　　第三,影园的构景,因地制宜,又从心不从法,尽翻成格。如园内曲池四周黄石叠石,参差高下,如平台,似低屿,如大大小小的"小千人坐",为明代江南园林中所罕见。而如此砌筑,用心良深,目的在于将园内曲池,建成一个山麓谷地的池泉,以与园外近冈远山相呼应。如自东部入园经过山径幽涧之后,所见之短篱,"取古木槎牙为之";虎皮墙,"围墙甃以乱石","小门二,取古木如虬蟠者为之",直到"影园"之门,此一段引景,给人的感受为古朴、简约,不依常法。

　　而玉勾草堂"宏敞而疏"、"楣楯皆异时制",即其门窗槛栏,形制亦不依常式。淡烟疏雨"庭前选石之透、瘦、秀者,高下散布,不落常格,而有画理"。这一切,都在追求每个局部与整体相适应的最佳效果。即《园冶》中所说之"精在体宜",《自记》中说,"(园)大抵地方广不过数亩,而无易尽之患,山径不上下穿,而可坦步,皆若自然幽折,不见人工。一花,一竹,一石,皆适其宜,审度再三,不宜,虽美必弃"。追求的是"虽由人工,宛自天开",所以,"是役八月粗具,经年而竣,尽翻成格,庶几有朴野之致"。园林兴筑,有法无式,为了使园内山水、花木、建筑,具体到"一花,一竹,一石,皆适其宜",而"不落常格"、"尽翻成格",因此,影园成了造园的典范。

(4)影园的文化活动

郑元勋工诗能画,崇祯二年即入复社,与当时有影响的文士、名流和复社成员交往颇多。崇祯三年,辑刊《媚幽阁文娱》(十二卷)。崇祯五年,他为上海范文若《梦花酣传奇》题词。八年,为计成《园冶》作序。九年,与梁于涘、强惟良等,共结竹西续社。十年,茅元仪以杜浚、方以智、郑元勋为三君,作《三君咏》。十年作《影园自记》。十一年,与顾杲、黄宗羲、陈贞慧、冒襄等一百四十人列名《留都防乱公揭》,声讨阮大铖。

崇祯十三年,影园中黄牡丹盛开,江宁陈丹衷,上元姜承宗,如皋冒襄、李之椿,安徽程邃,江西万时华,广东黎遂球(美周),扬州梁于涘、王光鲁、顾尔迈,浙江茅元仪等,集于影园,为黄牡丹诗文之会,并征诗于江楚间。其时,冒襄是影园文化活动积极的参与者,他在《含英阁诗序》中说:"忆前丁卯(天启七年,1627)与郑超宗、李龙侯、梁湛至(即梁于涘)三公结社邗上,后缔影园在城南水湄。(园中)花药分列,琴书横陈,清潭秀空,碧树满目。余与超老络绎东南,主持(诗文)坛坫,海内鸿钜(名公)以影园为会归。庚辰(崇祯十三年)园中黄牡丹盛开,名士飞章联句,余为征集其诗,缄致虞山(钱谦益),定其甲乙,一时风流相赏,传为极奇。"乾隆《甘泉县志》载:"郑元勋别业,尝集名流咏园内黄牡丹。以黎遂球十首为第一,制金觥赠之。"《扬州画舫录》卷八称:"第一以黄金二觚镌黄牡丹状元字赠之,一时传为盛事。"当年,郑元勋辑姜垓、梁于涘、黎遂球等十八人黄牡丹诗作,为《影园瑶华集》(三卷)。

影园至康熙十年(1671)前后已易主人,称方园。吴嘉纪(1618—1684)有关咏方园诗中有"影园即此地,何处认荆扉? 冷落废墟在,一双新燕飞……"其诗中自注云:"壬子(康熙十一年)春,同孙豹人游方园,时堂前牡丹发花一百枝。"乾隆三十五年(1770),郑元勋玄孙郑沄(? —1795),字晴波,时为内阁中书,多故园之思,曾请王蓬心宸作《影园图》。宝应王式丹曾孙王嵩高(1735—1800),有《影园歌为郑晴波中翰作》等。

（三）计成《园冶》著成

计成,字无否,号否道人。明代万历十年(1582)生于吴江,卒年不详,至今吴江同里古镇尚存其故居。他工诗善画,绘画尤宗五代时山水画家荆浩、关仝笔意。这对他掇山筑园艺术的高超造诣影响很大。他游历燕赵、跋涉两湖的广泛经历,与中年择居有佳山丽水的镇江,也深深影响了他的叠山造园之学。

他一生造园很多,但至今有资料可以查考者,仅为常州吴又予吴氏园、真州汪士衡寤园、扬州郑元勋影园三座,另有阮大铖石巢园,他也有所参与。而上述吴氏园、寤园、影园都是当时称盛于大江南北的名园。

崇祯四年,他在营造寤园时,梳理造园经验,著成《园冶》。八年,初次刊刻出版,成为我国古代第一部造园学的专著,同时也是全世界最早的园林学专著。

1.《园冶》的基本内容

《园冶》全书三卷,书中《兴造论》《园说》两篇为总说绪论,在其后十篇申论中,尤以《相地》《立基》《铺地》《掇山》《选石》《借景》六篇论述造园艺术者,为全书精华。另四篇为"屋宇"、"装折"、"门窗"、"墙垣",书中附图 235 幅。书前有阮大铖《冶叙》、郑元勋《题词》及计成的《自序》,书后有计成的《自识》为跋。这些序跋的内容,至目前仍是我们了解计成生平和著述本书的最重要的资料。如阮大铖《冶叙》中有"无否人最质直,臆绝灵奇(按:即为人极为聪明),侪气客习(按:即世俗客套),对之而尽。所为诗画,甚如其人。"如郑元勋《题词》,多说计氏筑园之巧智,及《园冶》于造园者之重要,和未来的影响。《自序》中说自身的绘画喜好,镇江叠石"俨然佳山也"的初试锋芒,叠筑晋陵(今常州)吴又予园和仪征汪士衡寤园的效果,《园冶》书名的由来等等。书后《自识》写于崇祯七年,说到自己的年岁(是年五十三岁),时事纷乱,心态和经济状况等。

2. 计成及其《园冶》与扬州的关系

其一,最重要的,是他所筑之园,半数皆在扬州,即寤园、影园,除却这两座名园在造园史上的崇高地位之外,它们在筑造过程之中和竣工之后实际存在的影响,无疑是十分巨大和深远的。寤园虽然建成数年后即毁,而影园至清代康熙时,仍被誉为扬州八大名园之一。虽然它到康熙初已经易主,后又渐趋荒废,而郑氏之《影园自记》却留传了下来。《自记》中不仅具体地记录了影园园景,还有他们筑造此园的美好追求。传下来的,还有茅元仪的《影园记》。二记参照阅读,更有启人之益。影园存世的几十年,以及二记的传世,对清代扬州园林的发展,应该是有较大影响的。乾隆间,李斗的《扬州画舫录》和杭世骏的《道古堂集》,对影园及其主人郑氏,都有较详的叙述。

其二，《园冶》著于扬州仪征。《园冶》自序最末云"时崇祯辛未之秋杪否道人暇于扈冶堂中题"，即崇祯四年（1631）秋末，否道人即计成的号，扈冶堂是寤园中主要建筑之一，说明《园冶》是年完成于仪征寤园。亦即说，扬州仪征是《园冶》的诞生地。

其三，《园冶》郑元勋《题词》，篇首发问"古人百艺，皆传之于书，独无传造园者何？"其中"造园"一词，亘古未见，最初则见于此文。它推波助澜了一门新学问的兴起。《题词》中还预示了《园冶》未来的影响。

其四，计成筑寤园，写《园冶》，都在崇祯四年。《园冶》最后之"自识"，写于崇祯七年，其时计氏五十三岁，同年为郑元勋筑成影园。即说他有好几年生活于扬州，其著作《园冶》中不少技术用语，据扬州有关学者研究，颇与扬州有关。如建筑中之"卷"、"木槅"、"束腰"、"美人靠"等等皆是，而其原籍吴江或苏州一带，则另有名称。足见与其一起施工的不少手艺精湛的匠人，为扬、仪一带人士。书中也留下了他们长期实践的智慧。

以上仅从《园冶》与扬州的关系看，是十分密切的，这是扬州之幸。这不仅要说"扬州与有荣焉"，主要想说明《园冶》从理论上总结了长期以来，主要是明代江南园林，包括一些扬州园林兴筑的经验。虽然它于明末清初之后，数百年湮没，历久不彰，但有传抄本在。康熙时，李渔就曾读过。想必在造园界有一定的流行。本书将其作为明代中后期扬州园林发展趋于成熟的标志之一，想来是十分必要的。

3.《园冶》成书后，长期湮没、历久不彰的原因

陈植教授1978年12月10日，在《园冶注释序》中说："《园冶》具有高度的造园艺术水平，其所以终有清一代二百六十八年间，

寂然无闻,直待日本造园界发现推崇后,始引起国内学术界重视,意者该书前列阮大铖序文,后钤'安庆阮衙藏版'图记,证明该书版本,实由阮氏代刻。而大铖名挂逆案,明亡,又乞降满清,向为士林所不齿。计氏虽以艺术传食朱门,然仍不免被人目为'阮氏门客',遭人白眼,遂并其有裨世用的专著,亦同遭不幸而被摒弃。该书之所以长期湮没,历久不彰者,可能即缘于是。"即说,是书因有阮序又为阮氏代刻,后因阮氏名挂逆案,是书亦遭池鱼之殃。

自民国二十年(1931)起,由于造园界诸前辈的不断努力,特别是中华人民共和国成立后,《园冶》研究者的重视,城市建设出版社经各方推荐,使这蜚声于国际造园之名著《园冶》,终于发行问世。

明代中后期,由于扬州经济有了发展,又受江南造园风气和造园技术的影响,扬州园林中叠石普遍兴起,名园开始出现,计成的《园冶》著成,从造园的实践和理论两方面,都为扬州园林在清初进一步发展,奠定了基础,也为乾隆时期扬州园林发展到鼎盛阶段,创造了有利的条件。

四、清代前期(顺治、康熙、雍正三朝)扬州园林不断兴筑,名园迭现

公元1644年,岁在甲申。九月,清朝定鼎北京。是年为顺治元年。

顺治二年,岁在乙酉。四月,多铎率清军包围扬州。史可法困守孤城,誓死不降。多铎等先后致史可法五封书信,史可法均不启封。四月二十五日,清兵攻破扬州城,大肆屠杀军民,史可法被俘执,不屈就义,殉难者不可胜数。次年,复社成员、高淳邢昉

有《广陵行》，记当时事曰："泗上诸侯卷斾旌，满洲将军跨大马。马头滚滚向扬州，史相堂堂坐敌楼。外援四绝誓死守，十日城破非人谋。……此番流血又成川，杀戮不分老与少。城中流血迸城外，十家不得一家在。"具体记扬州乙酉之难的，还有《扬州十日》，这是扬州历史上的一个大创痛。

但扬州很快又从这场血腥的重创中恢复了过来。最先派来扬州的官吏，大多由汉人充任，他们在清理战争创伤，招徕流亡，安定民心，恢复农业生产，重新组织盐业，重建州府儒学、笼络士人，效忠新的王朝等等方面，都可谓尽责尽力。顺治二年，周亮工来任两淮盐运使。府志上说他"抚恤凋瘵，为民赎被俘子女无算"，说他"广储门外白骨如山，置义冢埋之"，说他"力请削旧饷，行新盐，商困尽苏"。同年，李发元来任两淮巡盐御史，带来了六万份盐引。同一年，胡蕲忠来任扬州知府。这一位大清朝的扬州第一任知府，着重抓的大事则是迅速修复府学，这是皇权更易之后，新的王朝安定读书士子、笼络民心、培育人才、巩固统治的重要举措。就在这一年秋天，即顺治二年于南京举行的乡试中，扬州府中举者，有十一人，其中有六人均为扬州江都籍。

顺治三年，辽东人卞三元来任扬州知府，府志上说他主要做了两件重要的事：一是"时戡定之始，民多失业，三元抚绥招徕流亡，渐复田亩汙莱"，并力请减免和缓征田赋，严禁侵隐绝户产业。二是"亲临学宫，讲导大义"，至使"士子观听者踵至"。这一年的南京乡试，扬州府中举者达二十三人，其中有八人来自江都。顺治四年，清王朝在北京举行了第一次殿试，扬州府中进士的达十一人，其中有四人为江都籍。到了顺治五年，扬州府中举者二十二人,江都籍者已占一半,达十一人。这些数字,也从一个侧面反映了官府尊儒重教和社会日趋安定。

顺治四年,江都县知县郭知逊,组织人伕重修了遭战争破坏的城墙。逃离的盐商,也一一归来。随着盐运、漕运的逐渐恢复,商肆街衢也逐渐有了生气,文人画家渐又络绎而来。顺治四年后,先后往来扬州或寓扬者,有王猷定、顾景星、冒辟疆、杜濬、彭士望、黄周星、费密、谈迁、龚鼎孳、施闰章等等,扬州本地文人吴绮、许承宣、许承家、宗元鼎等与他们也常有过从。顺治十年七月,史学家谈迁北上京师,行经扬州,在其《北游录》中,记福缘庵为"杰阁重楼,缁素云集";记善庆庵,"其丽如福缘,尤整邃。以岁之不登,僧日三糜也";记净慧庵,"竹树清疏";记城隍庙,"庙内银杏树(即今文昌中路石塔东绿岛中之唐代银杏)围可四人";天宁寺,"缔造雄丽,为淮南第一禅林,银杏树亦古";过红桥,"虽平原旷寂,实北邙也";"平山堂,在寺(大明寺)前而废,右第五泉,渴饮不能味也";而"过西门,濠水一勺,贵势家别业相望,借流种荷"。顺治十年,宝应王岩(筑夫)来扬州设馆授徒(韩魏和汪耀麟、懋麟兄弟从之学),还有的来扬州买画。此时,扬州的百工技艺,特别是传统手工艺制品,有了恢复,并渐有发展,府志上有"顺治庚子(十七年)扬州造战舰"的记载,又载:"康熙初,维扬有士人查二瞻,工平远山水画及米家画,人得寸纸尺缣以为重。又有江秋水者,以螺钿嵌器皿最精巧工细,席间无不用之。时有一联云:'杯盘处处江秋水;卷轴家家查二瞻。'亦可以见一时习尚也。"此时,城市面貌,已逐步繁荣起来,"屋之圮者,筑之;圃之废者,辟之。竹树斩刈之余柎,日就生长,蔚然而高深"(陈霆发《何有轩记》)。

顺治初,有的文人避于郊野,在扬州远郊筑园。如顺治三年,孙兰(滋九)隐于北湖,筑柳庭。雷士俊则于北湖筑莘乐草堂。雷士俊(1611—1668)为明末诸生,1644年为甲申年,他著《甲申私议》上书史可法,明亡后隐于艾陵湖畔,筑室读书。诗人宗元鼎(1620—1698),顺治四年,则于东郊筑新柳堂。而扬州城里最先筑成的则是郑侠如的休园。这是大清开国后,扬州城中出现的第一座名园。在顺治末康熙初,扬州游冶活动最先热闹起来的地方,要数北郊的红桥(乾隆时改建后称虹桥)。顺治十七年(1660)王士禛为扬州府推官,康熙元年(1662)、三年,他与诸名士于红桥修禊(古代一种习俗,即于农历三月初三日,到水边嬉游,以被除不祥。后来文人名士的修禊,大多是一种以诗酒文会为内容的水边冶游活动),赋冶春诗。他在《红桥游记》中说:

> 出镇淮门,循小秦淮折而北,陂岸起伏多态,竹木蓊郁,清流映带。人家多因水为园,亭树溪塘,幽窈而明瑟,颇尽四时之美。挐小艇,循河西北行,林木尽处,有桥宛然,如垂虹下饮于涧,又如丽人靓妆袨服流照明镜中,所谓红桥也。游人登平山堂,率至法海寺舍舟而陆,径必出红桥下。桥四面皆人家荷塘,六七月间菡萏作花,香闻数里,青帘白舫,络绎如织,良谓胜游矣。

康熙三年,陈维崧(明末四公子之一的陈贞慧之子)与诸名士同游依园,他在《依园游记》中写道:

> 出扬州北郭门百余武为依园。依园者,韩家园也。斜带

红桥，俯映渌水，人家园林以百十数，依园尤胜，屡为诸名士宴游地。……由小东门至北郭，一路皆碧溪红树，水阁临流，明帘夹岸，衣香人影，掩映生绡画縠间……（依园）园不十亩，台榭六七处……园门外青帘白舫，往来如织，凌晨而出，薄暮而还，可谓胜游也。

　　陈维崧的记叙，进一步印证了王士禛的描述。与十年前谈迁所记西门一带情况，颇为一致。从时间上看，此时上距史可法乙酉之难，不过二十年，而扬州城北一带人家，多已枕河建园，且"人家园林以百十数"，红桥一带已景色如画：桥下画舫已络绎如织，城内至北郊，至红桥，至法海寺，再至平山堂，这条北郊半水半陆的游览线路，似已形成。

　　康熙中期，承平日久，扬州城里已相当繁荣，当时的扬州人陈霆发（生卒年不详，康熙三十九年曾自订其《何有轩文集》）在文集中说："吾扬新旧两城，四方称繁华地，而小东门外市肆稠密，居奇百货之所出，繁华又甲于两城，寸土拟于寸金。小东门（按：在新旧两城之间）市衢约长三里，居人往往置别业于室之左右。"其时在小东门附近即有柘园、春晖园和乐圃三座园林。陈霆发有《张印宣柘园记》（见焦循所辑《扬州足征录》卷二十五）。

　　康熙六十一年间，扬州园林连以前尚存的在内，较著名的则有于园、影园（康熙初已易主，称方园）、休园、康山草堂（不久，废为民居）、小方壶（棣园前身）、冗园、吴园、葭园、菽园、员园、雷园、王氏园、花月墅、卞园、王洗马园、韩魏之依园、冶春园，以及宗元鼎之东原草堂、芙蓉别业、新柳堂，费锡璜之西溪草堂，凌元鬺之有怀草堂，施原、范荃、徐石麟、毕锐四人同构之芳斋诗社，阮元叔祖阮颐庵之花庄，石涛大师之大涤草堂，张印宣之柘园，李词臣之春晖园，乐介冰之乐圃，吴绮之种字林，程式庄之红药书庄别业，汪耀麟之爱园，汪懋麟之百尺梧桐阁，程梦星之筱园，吴家龙之片石山房，余元甲之万石园，乔逸斋之东园，乔俊三之东村书屋，吴尚木之存园，汪士裕之嘉树堂、醉白堂，顾图河之雄雉斋，高旻寺之行宫御苑，宝应乔莱之纵棹园，仪征郑肇新之白沙翠竹江村等等。

雍正年间，扬州城里东关街建有小玲珑山馆，城北广储门外，于崇雅书院旧址建梅花书院，湖上始建之贺氏东园，至乾隆初落成。

上述为扬州入清之初经济文化的一个大致背景，和清代前期园林兴筑的概况。现将顺治、康熙、雍正三朝约九十年间的著名园林叙述于后。

顺治：休园

康熙：柘园、存园、片石山房、万石园、乔氏东园、筱园、白沙翠竹江村、纵棹园

雍正：小玲珑山馆、贺氏东园

‖ 休园 ‖　在流水桥东，园广五十亩。为郑侠如（1610—1673）别业，郑侠如亦为休园之始建者。郑氏在明末为扬州望族，先世挟盐策称两淮巨商。侠如，字士介，号俟庵，原籍歙县。崇祯年间，他的三位兄长，皆建有园林。长兄郑元嗣有五亩之宅二亩之间和王氏园，仲兄郑元勋为影园主人，季兄郑元化有嘉树园。时侠如尚幼，读书庠中，未建园圃。崇祯十二年（1639）始得副榜。乙酉（1645）初，曾授工部司务。明清时，工部别称水部，故人称郑侠如为"水部公"。乙酉五月，清军攻占南京，侠如

乞休，督师洪承畴素善侠如，甚为倚重，欲为大用，而侠如乞归甚力。洪哂之曰："老而就休耶？则（君）少且锐；赢而自养耶？则（君）甚硕且武。问子所以去，咸无名焉。"侠如固请，得以休归。知之者说他乞休，乃因家国之变（仲兄元勋忠于国而被祸，同时，大明朝已经灭亡）。当时他只有三十多岁，所以有人称他年未四十即乞休。一旦休归广陵故里，他就闭门不出。约于顺治十年，他将宅后先前所购朱氏园、汪氏园旧址合而为一，除旧布新，掘池叠石，植树营卉，建造厅堂，称之为休园。计东《休园记》中说："休之字义有二：曰止，曰美。美莫大于知止。先生守正不回、急流勇退之意，见于斯矣。"由此可见休园命名之所来。园传至数世，曾多次修葺。

侠如子为光，字次严，号晦中，顺治十六年进士，康熙四年，早卒。孙熙绩，字有常，号懋嘉，康熙十七年举人，授征仕郎，内阁中书，官刑部浙江司主事，他在中举后，至康熙十九年之间，重葺休园。曾孙玉珩，字荆璞，号箬溪。于康熙五十三年（1714），三葺休园。玉珩子庆祜，字受天，号昉村，乾隆间有四葺休园之举，并于乾隆三十八年（1773）将诸先贤所作园记、先人懿行之文、时人咏园诗文等裒为一集八卷，为《休园志》。

《休园志》前有序二，一为团昇所撰，一为郑庆祜自序。书中所收园记七篇，列景三十二，园图二及有关诗文，对了解这座已消逝了二百多年的名园，至关重要。

1. 休园园景

休园是清代开国后扬州盐商后裔兴筑的第一座名园。自郑侠如起，园历五世，虽然其间有些起落，甚至有时几为他人所据，但郑氏数代能世守其园，至乾隆中，园已四葺，园景也有所增改。

据许承家《重葺休园记》，郑侠如初建时，园中之景为：语石堂、空翠山亭、漱芳轩、一拂草亭及墨池、樵水、寒碧诸亭榭，还有一沿宋人旧名的云山阁。关于语石堂，杜浚《俟庵侠如先生传》："（郑）家有灵璧奇石，长径丈，色如青玉，扣之声中宫商，公为构语石轩。"侠如孙懋嘉既贵，复举而更新之。重葺之后，园中增加了蕊栖、花屿、卫书轩、含清别墅、三峰草堂、金鹅书屋、不波航、玉照亭、九英书坞及琴啸、枕流、得月诸台榭。更扩其园后余地曰逸圃。

三葺、四葺所增之景，有挹翠山房、湛华、定舫、来鹤台、古香斋、云径绕花源、浮青、止心楼、城市山林、耽佳、碧广、植槐书屋、含英阁等。初建之时的寒碧、漱芳轩、云山阁、一拂草亭诸额，已有改易。四葺之后，园中之景，计有三十二，郑庆祜将其写在《休园志》《列景》之中。即空翠山亭、蕊栖、挹翠山房、琴啸、金鹅书屋、三峰草堂、语石、樵水、墨池、湛华、卫书轩、含清别墅、定舫、来鹤台、九英书坞、古香斋、逸圃、得月居、花屿、云径绕花源、玉照亭、不波航、枕流、城市山林、园隐、浮青、止心楼、耽佳、碧广、植槐书屋、含英阁。

2. 清人对休园园景的评论

《休园志》中收了七篇园记，即计东《休园记》，方象瑛、吴绮、许承家三人分别所作之《重葺休园记》，李光地、张云章、宋和三人分别所作之《三修休园记》。对园景写得比较具体的，为方、许、宋之三记，对研究休园颇有意义。

方象瑛《记》中叙述重葺后园中景点之后，说："（是园）结构萧爽，极园林之胜。……大约园之景，台沼而外，有古树，有修竹，有高柳，有长梧，而石山为最。石势突兀，起伏不一，约其大

休园图

者,有三峰焉。登其最高之巅望之,维扬两城历历鳞次,江南诸山
飘缈烟雾间……园之时,宜春,宜秋,宜夏,而余以仲冬至,积雪满
天,寒鸦叫树,时闻竹中鹤唳声,寂绝似非人境。"重点说了三条,
即是园"结构萧爽",林木幽深而三峰高峻,四时宜人。如此则极
园林之胜矣。

　　休园三葺之后,宋和在《记》中说:"郑氏世为文盟主,凡名
流之著者,莫不来集于斯园。"(文化方面)"郑氏之有此园,历四
世,故其林木皆岁寒而不凋,石路踏莓苔而日厚,亦名园之最古者
也。"(园史长久)更评其园如下:

　　　　是园之所以胜,则在于随径窈窕,因山行水。(语石)
　　堂之东,有山障绝,伏行其泉于墨池,山势不突起,山麓有
　　楼……山趾多窍穴,即泉源之所行也。……池之水,既有伏

行，复有溪行，而沙渚蒲稗亦淡泊水乡之趣矣，溪之南，皆高山大陵，中有峰，峻而不绝……

此园雨行则廊，晴则径。其长廊由门曲折而属乎东，其极北而东则为来鹤台，望远如出塞而孤。此亦如画法，不余其旷则不幽，不行其疏则不密，不见其朴则不文也。此园占地既广，山水断续。

前者述其园，因山行水，山起水伏多自然之态，不见人工，宛自天开；后者就山水间建筑之分布疏密，言园景既得其旷又得其幽，既得其朴又得其文，有如画法。可见宋和为真正之知园者。

休园四葺之后，未见园记，除《休园志》前列景三十二处，应视为四葺后的园景大概，还可从王藻（载扬）的《止心楼诗序》中得见一大致的评语，其文曰：“郑氏休园，其地乔木戛云，曲池渟黛，奇石修竹，燠馆凉台，皆苍郁饶古致。盖扬州园圃虽盛，而蔚然深秀翛然远尘者，独推此园为甲矣。”

四葺已在乾隆中期，乾隆三十八年（1773），曾为郑氏“其家塾师，得日夕园居者两年”的仪征籍诗人团昇，在《休园志·序》中说休园“复阁重楼，金碧炫耀，诚不逮近时园亭什一，而修篁古树如倪迂马远之画，笔墨外自有烟云”。即说，在乾隆中期，休园仍保持着朴野自然的山水意趣，未受到湖上园林“复阁重楼，金碧炫耀”迎接御驾山水园的影响，竹树泉石有着倪瓒、马远山水画的韵致。

3. 休园之文会

乾隆间，休园仍为其时扬州名园之一，文会之盛，冠于一时。乾隆六十年成书的《扬州画舫录》卷八中称：“扬州诗文之会,以马氏小玲珑山馆、程氏筱园及郑氏休园为最盛。至会期,于园中各设一案,上置笔二,墨一,端砚一,水注一,笺纸四,诗韵一,茶壶一,碗一,果盒茶食盒各一。诗成即发刻,三日内尚可改易重刻,出日遍送城中矣。每会酒肴俱极珍美。一日共诗成矣,请听曲。邀至一厅甚旧,有绿琉璃四,又选老乐工四人至,均没齿秃发约八九十岁矣,各奏一曲而退。倏忽间命启屏门,门启则后二进皆楼,红灯千盏,男女乐各一部,俱十五六岁妙年也。……诗牌以象牙为之,方半寸,每人分得数十字或百余字,凑集成诗,最难工妙。休园、筱园最盛。"(按:筱园为康熙末程氏之园,小玲珑山馆雍正时始筑,至乾隆中后期,二园已衰,或易主,其时,唯休园宾客时至。)

嘉庆重修《扬州府志》,修志时间为嘉庆十五年,主修者两淮巡盐御史阿克当阿,主纂者张世浣、嵩年为扬州府先后任知府。在"休园"条下,已注明"今归苏州陈氏,改名曰'澂源'"。林苏门(约1748—1809,阮元舅父、业师)所作《邗江三百吟》中说休园事,云:陈氏易休园名为澂园,尽去休园名人匾额。游人不问澂园,仍称休园。同治年间,里人蒋超伯(道光二十五年进士,曾官刑部主事,广东候补道等,同治十一年归里修葺小盘谷)《阅李艾塘〈画舫录〉有感》中,咏休园诗为:"休园兴废剧堪悲,血渍山亭药草肥。台畔棕榈池畔蟒,可怜都作劫灰飞。"其自注云:"休园本郑侠如园,后归程氏,咸丰初,包氏修之,未几付兵火。"一说"道光二十三年(1843),是园售于仪征魏氏……"皆可参阅。要之,休园肇始于顺治十年(1653),经历顺治、康熙、雍正、乾隆至嘉庆中,才改易他姓,最后毁于咸丰劫火。

‖柘园‖　园在扬州旧城小东门外,康熙中期张印宣筑。陈霆发有《张印宣柘园记》,先述柘园所在环境,介绍其时小东门市肆及居人置园之盛况,反映出康熙中期扬州商业的繁华和建园的风气。《记》中说:

> 吾扬新旧两城……寸土拟于金云。小东市衢约长三里,居人往往置别业于室之左右。以余所熟游者,其东则有李词臣之春晖园,再东则有乐介冰之乐圃,他闻名未尝一至者,不知凡几。

《记》中写柘园景色文字比较概略:

> (印宣)辟其屋后地为园,用曲江柘树事,名以"柘园"。有堂、有楼、有台、有廊。巡廊折入,有轩、有别室、有池、有山。山尤突兀,起伏作势。梅杏、竹松、辛夷、木樨之属,难以悉数。

陈霆发还记下了赏园终日的美好感受:"丙子(康熙三十五年)九月,余与清溪兄坐卧园中,竟日观览,无不到……园于市廛近地,顾余自朝及夕,神气爽朗而耳目清明,隐跃有林壑闲趣,若忘此身之在城市者。"

‖存园‖　康熙中期吴从殷筑。从殷字尚木,安徽歙县人,园在东郊二里桥,园广百余亩。吴氏曾延请宜兴储欣(1631—1706)教其子蔚起读书园中,后蔚起(字豹文)官至侍御史。储欣在康熙四十年(1701),曾为之作《存园记》。记中说:

东郊二里桥存园,吴君尚木别业也。横从百余亩。门以外,江帆村舍,纵目无际。入门,土山川梁。稍进,堂轩、亭楼、台阁、茅斋、斗室、长廊、曲栏、藤架、竹篱,位置楚楚,大假素朴,少丹刻者。佳花卉夹路,古树大竹森列。鸟善啼者满林,跃鱼满池。树之古率百年。玉兰连理,相传数百岁,拱把有元,于今益荣。其地,某氏废圃也,售于君。相方结宇,量趣移植,洒扫壅溉,顿成钜观。子蔚起从予学,邀余读书园中。四时明晦,景物千状。属文摘辞,如有天助。庚辰,拓园之东,构半阁,尤雅以旷,与坐大阁露台,望江南诸山,皆一园最胜处。

园盛时,据阮元《广陵诗事》说:"存园去东城不数里,(园中)有竹径、红雨亭、梅坞、听雨廊、玉兰堂、桂坪、回溪、观稼楼、西亭、遥岑阁。"

由上述可知:一、其地原为废园,故多古木;二、园可百余亩,经园主人"相方结宇,量趣移植",谋划砌筑,山池亭树,皆"位置楚楚",分布得宜,"顿成钜观";三、园中建筑皆"大假素朴少丹刻者"。可见存园内,树大花繁,梅老竹茂,泉池映带,楼台多不事雕饰,是一座清雅而又幽深的文人山水园林。

其时,仪真魏嘉琬(1671—1704)与钱塘陈章(时居扬州小东门)等皆有诗咏存园。魏诗"衣满一园香,眼散一池碧",陈诗"小桥通竹色,高阁入秋声"等等,皆言园中景色。

到了乾隆年间,存园已经荒废。江都诗人吴均(生于康熙五十七年,至乾隆五十七年尚在世,号梅查)于《郡中废圃诗》序中说:"存园,家侍御豹文先生别业。古梅千树,花时宴客其中。

今荒废,易主。"

‖片石山房‖ 一名双槐园,在城南花园巷,约为康熙四十年稍后,歙人吴家龙所辟,其中叠石相传为石涛和尚手笔。

嘉庆十六年(1811)编纂的《江都县续志》卷五中说:"片石山房在花园巷,吴家龙所辟。中有池,屈曲流水,前为水榭,湖石三面环立。其最高者,特立耸秀,一罗汉松踞其巅,几盈抱矣。今废。"数十年后,光绪《江都县续志》卷十二说:"片石山房在花园巷,一名双槐园,歙人吴家龙别业,今粤人吴辉谟修葺之。园以湖石胜,石为狮九,有玲珑夭矫之概。"续纂光绪《扬州府志》卷五中所记亦与前者大致相同。又据钱泳《履园丛话》之二十"片石山房"条云:"二厅之后,潋以方池,池上有太湖石山子一座,高五六丈,甚奇峭。相传为石涛和尚手笔。"

为了认知片石山房的建园时间,以及石涛为其叠石有无可能,必须首先要了解吴家龙的情况。

《扬州画舫录》记吴家龙材料计有三处:一在卷七:"吴园即大观楼旧址……则为歙人吴氏别墅,赐名锦春园……吴氏名家龙,子光政同建。"一在卷八:"静慧寺本席园旧址,顺治间僧道忞木陈居之……寺周里许,前有方塘,后有竹畦,树木蒙翳,殿宇嵯峨,木陈塔在其中,为南郊名刹。木陈之后,寺将颓废,歙县人吴家龙重修……家龙字步李,襁褓而孤,奉母至孝,好施与,与汪应庚齐名,达于朝,赐盐运副使。"一在卷十三:"吴家龙,字步李,好善乐施。载在郡志。"李斗所记,比较零散。在乾隆八年的《江都县志》卷二十二"笃行"中记吴家龙材料比较系统,其曰:"吴家龙,字步李,世家歙县,迁江都。襁褓而孤,及长,奉母以孝称,笃赋醇谨。其于乡党缓急,多所周恤。每遇荒歉,辄倾赀筹赈,以乐善好施著。事达朝廷,予爵盐运副使。乾隆三年岁馑,助赈七千余金。七年,复赈三千余两。铨部题请议叙,累予加级记录。尝修扬郡之宝轮寺、静慧园,整圮植废,梵宇岿然。以及治道途而便行人,施纩袄以衣贫乏,所费不可胜计。凡所以见义勇为而恐后者,盖根乎天性之肫笃。家庭雍睦,子孙孝友,里闬咸以敦善行而获报者,首推之。"嘉庆十六年之《江都县续志》又载其乾隆十六年已有奉宸苑卿衔,并外任宁波府同知之事。这些材料,虽多偏于述其善行,但也提供了明确的时间段,即乾隆三年以前和乾隆十六年前后,因其多善行,先后获赐盐运副使、奉宸苑卿衔。以此或可知吴家龙生活的年代,大约为康熙二十年(1681)前后至乾隆十六年(1751)稍后一段时间,赀财以康熙中期稍后至乾隆初最盛。他一生筑有三座园林,一为片石山房,即双槐园,最早,大致筑于康熙四十年稍后;一为仪征吴园,据《仪征县志》,园在仪征城南,半湾园市河水岸之东,内有德树堂等,为"吴家龙筑,池台水通内濠及东城图画,颇占城南之胜"。筑园时间或在片石山房之后;一为瓜洲吴园,大致筑于乾隆初年。《画舫录》言其为吴家龙与其子吴光政同建。乾隆十六年,弘历南巡驻跸,赐名锦春园。另外,吴家龙还于康熙间重修了扬州南门外的宝轮寺和静慧园。两处皆在高旻寺行宫行程路线上。宝轮寺,志书上记载不多,而静慧园僧道忞和尚(1596—1674,俗名林木陈)顺治十六年征诏入京,赐有宏觉国师封号,为石涛和尚师祖,石涛于康熙十二年、二十六年至二十八年,都曾寄寓园中。道忞木陈于康熙十三年圆寂之后,寺园颓废,吴家龙重修的时间,应在康熙四十二年前不久,重修一新之后逢康熙四十二年的第四次南巡,幸其园,赐"静慧园"额,四十六年,康熙第六次南巡,又题"静慧寺"额,并题有七律《幸静慧园》一首,诗中有"红栏桥转白苹湾,叠石参差积翠间",描写园(寺)内景色。修寺园的时日,石涛和尚正定居在扬州,他正以卖画和经营"大石砾"为生,吴家龙是静慧寺园重修的施主,片石山房是吴家龙的别业,静慧园中积翠间参差高下之叠石,与片石山房中之叠石,或皆先后出自石涛之手。到了乾隆中后期,方有《扬州画舫录》中,李斗"(石涛)兼工垒石"之语,以及道光时钱泳《履园丛话》中的"(片石山房湖石山子)相传为石涛和尚手笔"的记载。

余元甲之万石园,园在片石山房南,两园相近,筑园时间相近,园中叠石皆应为石涛手笔。

一百多年后,嘉庆中酿花使者之《花间笑语》一书内称,片石山房"山石乃牧山僧所位置"。酿花使者即熊楚香,为吴家龙孙子吴之黼的表弟。曾多次往来扬州,寓于园内。这是一条关于片石山房叠石极有价值的记载。据《扬州画舫录》所记,牧山,字只得,雍正末乾隆初为莲性寺僧,工于诗,曾为贺氏东园醉烟亭题联。而牧山僧为片石山房叠石之事,与钱泳《履园丛话》中所记片石山房叠石,"相传为石涛和尚手笔",两者并不相抵牾。因为康熙时片石山房的范围,要比20世纪60年代发现的面积要大得多。当初的片石山房,不仅内有二厅,有瓶榻斋,有小阁,还一度被"改造大厅房,仿佛京师前门外戏园式样"(见钱、熊二人所记),而且还有两棵大槐树(片石山房一名双槐园的由来),这两古槐,生长在现船厅东南。至20世纪60年代,此两棵树龄已三四百年的槐树枯死(一截树根仍存于园中)。即当初片石山房的范围,大致还包含了今日何园的北部和东北的大部分。石涛叠石在今片石山房内,僧牧山所位置之假山,当为乾隆初之增筑，或为今何园东部牡丹厅东北至船厅之东、之北一段山水相依、曲折绵延的湖石壁山。

山房至嘉庆中已荒废，后多次易主。光绪九年，为何芷舠购得，并入寄啸山庄内。

‖万石园‖　园近康山，余元甲筑。余元甲字葭白，一字柏岩，号茁村，江都诸生，工诗能绘。乾隆《江都县志》说他"读书好探赜索异，雅爱交游，四方之宾客资为外府，遇人危难，恒不惜出千金救之。家本素封，久之遂自即于贫，耻以穷困干故人，唯肆力于诗，发纤浓于简古，寄至味于淡泊。益都赵宫赞执信以宗工自诩，睥睨一世，独谓元甲为风雅种子。会天子征鸿博之士，有司上其名，辞不就；朝贵有欲表荐之者，亦以书辞。畏荣怀古，贫日益甚，年逾六十，竟以憔悴死，世咸惜之"。这是他一生的大概。《淮海英灵集乙集》卷三中，也说他"资敏学博，少饶于财"，还说他"诗宗韩、孟，参以皮、陆"。余元甲诗有《濡雪堂集》，王渔洋（1634—1711）曾为之作序。可见其于康熙五十年（1711）前，即有诗名。金农（1687—1764）在《冬心续集自序》里说，他是在康熙六十年首春浪游扬州时，结识余元甲的。《樊榭山房集》中，于雍正二年，厉鹗自记为余元甲题《青灯雪屋图》，次年，即雍正三年，厉鹗自杭州来扬州访余元甲，并结为好友。雍正十年，厉鹗以诗送元甲移家仪征。厉鹗《樊榭山房续集》中说余元甲卒于乾隆七年壬戌（1742），与乾隆八年《江都县志》述其卒年事正相合。

由此，从其卒年乾隆七年"年逾六十"，上推60年，即康熙二十一年，生年大致应在康熙十九年（1680）或二十年。而他筑万石园，当在其"家本素封"、"少饶于财"之时，或稍后不久的青年时期，即万石园应是余元甲筑于康熙中后期。

　　万石园以叠石山景为主，它应该出自谁手呢？据李斗《扬州画舫录》及嘉庆重修《扬州府志》所述，皆与石涛和尚有关，而内容却有些差异。

　　《扬州画舫录》卷二云："释道济，字石涛，号大涤子，又号清湘陈人，又号瞎尊者，又号苦瓜和尚。工山水花卉，任意挥洒，云气迸出。兼工垒石……余氏万石园出道济手，至今称胜迹。"同书卷十五，又称"余元甲，字葭白，一字柏岩，号茝村，江都邑诸生，工诗文。雍正十二年，通政赵之垣以博学鸿词荐，不就。筑万石园，积十余年殚思而成。今山与屋分，入门见山，山中大小石洞数百，过山方有屋，厅舍亭廊二三，点缀而已……是园文酒之盛，以雍正辛亥（九年，即1731）胡复斋、唐天门、马秋玉、汪恬斋、方洵远、王梅沜、方西畴、马半槎、陈竹畦、闵莲峰、陆南圻、张喆士园中看梅，以'二月五日花如雪'为起句为最盛，载在《邗江雅集》"。

　　嘉庆重修《扬州府志》卷三十"古迹一"云："万石园……以石涛和尚画稿布置为园。"

　　讨论这两种意见，必须先明确一点，即有学者认为余元甲筑万石园在雍正十二年之后，并以此认为其时石涛和尚已去世多年，"余氏万石园出道济手"没有可能。此说非是，全在于误读《扬州画舫录》卷十五上引那段文字。看完这段文字，再参考其生平有关材料，不难发现："雍正十二年，通政赵之垣以博学鸿词荐，不就。"之后，应是"（曾）筑万石园……"再读下去，"是园文酒之盛，以雍正辛亥（九年）……园中看梅，以'二月五日花如雪'为起句为最盛"。这证实了万石园绝不是雍正十二年之后的产物。联系余之生平情况看，这次文酒之会，是有记载的万石园中最后一次盛会了,他的经济承受能力也到了极限。第二年,即雍正十年,厉鹗即有诗送其移家仪征了。在那里过着灶头无烟苦咏不辍的生活,"耻以贫困干故人",辞博学鸿词之荐,"畏荣怀古,贫日益甚",哪里还有赀财来筑万石园呢!

雍正九年的文酒之会,大致上可算是记录了万石园最后存在的岁月,那它的始筑时间呢? 如前所言,当在其"家本素封"、"少饶于财"之时,或稍后不久的青年时期。石涛和尚(即原济,一作道济)自康熙三十一年起至四十六年去世,都定居在扬州,八大山人朱耷说他还在扬州设"大石绿",时或为人设计、指导园林事宜。石涛友人杜乘咏石涛的诗,也证实了这一点(详见本书"白沙翠竹江村"条)。若说余元甲"少饶于财"的年代为二十多岁时,康熙四十年至四十六年,他正青春年少,为二十一岁至二十七岁,此时,石涛居于扬州,说"余氏万石园出道济手",余元甲请石涛设计、规划园中假山,是十分自然的事,有什么可怀疑的呢?

《扬州画舫录》卷十五言"筑万石园,积十余年殚思而成",与嘉庆重修《扬州府志》说"万石园……以石涛和尚画稿布置为园",都应是《画舫录》卷二"余氏万石园出道济手"的延续。是说万石园始筑之时,由石涛设计规划,石涛去世后按其画稿布置,殚思积虑,陆陆续续十余年,园方竣工落成。这倒反而透露出万石园建成的时间大致在康熙后期。

万石园之景如何? 按《扬州画舫录》卷十五所载,是园以叠石山景为主,"入门见山,山中大小石洞数百","厅舍亭廊二三,点缀而已"。又据嘉庆重修《扬州府志》,园中有樾香楼、临漪槛、援松阁、梅舫诸胜。可见万石园是一座按大师规划,精心掇山理水（临漪槛、梅舫皆在水边），而以叠石构洞为主景，多松多梅，而见幽深的山水园林。马曰琯咏万石园诗中，有"满庭林木暗斜阳，石罅天然漏冷光"，也道出了园中林木幽深、石山洞壑如若天成的构筑艺术。

阮元《广陵诗事》卷二载："余葭白（元甲），号苗村，少饶于赀，性喜急友，有急者投之，辄解赠千金，不少有德色。用是，囊箧垂罄，至于灶额无烟，啸吟自若。未尝以昔所周人者望于人，人益以是高之。"

乾隆七年，元甲去世，园荒，园中湖石归于康山草堂。

‖乔氏东园‖　在扬州城东甪里村，为乔逸斋之别业。

乔国桢，号逸斋。父乔豫（字承望），扬州盐商。弟国彦，号俊三，于邻近康山处，筑有东村书屋。

乔氏东园，建成于康熙四十九年。界画名家袁江（约1671—1746）及方士庶（1692—1751），均绘有园图。袁江之《东园胜概图》，原图长370.8厘米，高59.8厘米，绢本设色，左端署："东园胜概，邗上袁江临其大略，岁在庚寅畅月"，即康熙四十九年（1710）十一月。图今藏上海博物馆。张云章、王士禛、宋荦皆有园记，时曹寅兼任两淮巡盐御史，常往返于金陵、仪征、扬州间，与乔氏兄弟友善，《楝亭集》中题留东园的诗，即有《东园偶题》《东园看梅戏为俚句八首》《寄题东园八首》《饮东园候主人不至》等。

三篇园记中，要算张云章的园记写得比较具体。他在《扬州东园记》说：

其地去城，以六里名村，盖已远嚣尘而就闲旷矣。……其佳处辄有会心，则孰为之名？通政曹公，时方为鹾使于此，游而乐焉，一一而命之也。堂曰"其椐"，取《诗》所谓"其柽其椐"者言之也。堂之前数十武，因高为丘者二，上有百年大木。其面堂而最正且直者，椐也。堂后修竹千竿，绿净如洗。由堂绕廊而西，有楼曰"几山"，登其上者，临瞰江南诸峰，若在几案，可俯而凭也。楼之前，有轩临于陂池，曰"心听"。听之不以耳而以心，万籁之鸣，寥静者之所自得也。由轩西北出，经楼下，折而西，则葺茅为宇，不斫椽列墙，第阑槛其四旁，倦者思憩，可以坐卧，其宽广可觞咏数十客，颜曰"西池吟社"，以西池浸其前也。又西则曰"分喜亭"，筑台以为之基，亭翼然出，可以观稼，欲分田畯之喜也。亭之南为高丘者又二，取径上下，达于"西墅"，推窗而望，则平畴一目千顷。由西墅而东，重冈逶迤，密树荟蔚，有修廊架险，亘乎沼沚之中，则曰"鹤厂"，以其为放鹤招鹤之所，又昌黎所谓"开廊架崖厂"者也。又东出，则启其门，即"心听轩"之左，循山径数百步，屡折而南，入于"渔庵"，前临沧波，可容数十艇。折而东北，则园之跨梁而入者在焉。其西农者数家，与渔人杂处，其外旷若大野，视西墅增胜，盖江水西来，潆洄于园之前，环匝其四围，而委注于此，故作庵以踞之。大抵此园之景，虽出于乔君之智所设施，实天作而地成，以遗之者多也。

上引张云章记中一段文字，一述园为郊园，择地上佳，与王士祯记中所谓审处精详、位置合宜颇为一致。二述园中景色之美，八景具体方位，景名皆出自曹寅之手。三既赞主人筑园布置的智慧，又言园之山水"实天作而地成"，强调多自然之态。

乔氏东园存世只数十年。乾隆间，江都吴均（1718—1792）

咏东园诗中已有"无复清香飘鼎茗,空余老翠落岩椐"、"荒池露冷"、"断壁碑残"、"重来那得不欷歔"之语。

‖筱园‖《扬州画舫录》卷十五说:"筱园本小园,在廿四桥旁,康熙间土人种芍药处也。……园方四十亩,中垦十余亩为芍田,有草亭,花时卖茶为生计。田后栽梅树八九亩,其间烟树迷离,襟带保障湖,北挹蜀冈三峰,东接宝祐城,南望红桥。康熙丙申(五十五年,即 1716)翰林程梦星告归,购为家园。"

程梦星(1679—1755)字伍乔,一字午桥,号洴江,又号香溪。江都人。父程文正(1661—1704)字笏山,号范村,康熙三十年进士,官工部主事。外祖父汪懋麟(1640—1688),康熙六年进士,王士禛高弟子。梦星官宦世家,祖籍安徽歙县,随父寓扬,康熙五十一年进士,授庶吉士,官翰林院编修。五十五年以丁忧归里,无意仕进,购小园而新之,为筱园。梦星工古文诗词书画,于艺事无所不能,尤工书画、弹琴,日与宾朋赋诗吟咏于园内,与马曰琯等结韩江诗社,主持东南文坛近四十年。曾主持编纂雍正《扬州府志》、雍正《江都县志》、乾隆《江都县志》,有《词调备考》《平山堂小志》等,另著有《今有堂集》《香溪集》《茗柯词》《李义山诗注》等。

"筱"有二义:一通"小",二同"篠"(筱),即小竹,细竹。筱园旧址本为小园,归程氏后又多植竹。其《初筑筱园》诗中有"猗猗十亩竹,宛转苍苔蹊",诗后自注曰:"有竹近十亩,故以筱名。"可见,始建时,由于竹盛,因以名之。

筱园在二十四桥东偏,其东濒临保障湖水。《扬州画舫录》对筱园描述如下:

园外临湖浚芹田十数亩,尽植荷花,架小榭其上。隔岸邻田效之,亦植荷以相映。中筑厅事,取谢康乐"中为天地物,今成鄙夫有"句,名今有堂。种梅百本,构亭其中,取谢叠山"几生修得到梅花"句,名修到亭。凿池半规如初月,植芙蓉畜水鸟,跨以略约,激湖水灌之,四时不竭,名初月沜。今有堂南,筑土为坡,乱石间之,高出树杪,蹑小桥而升,名南坡。于竹中建阁,可眺可咏,名来雨阁。又筑平轩,取刘灵预《答竟陵王书》"畅余阴于山泽"语,名畅余轩。堂之北偏,杂植花药,缭以周垣,上覆古松数十株,名馆松庵。芍田旁筑红药栏,栏外一篱界之,外垦湖田百顷,遍植芙蕖,朱华碧叶,水天相映,名曰藕麋(《毛诗》"麋"与"湄"通)。(畅余)轩旁桂三十株,名曰桂坪。是时红桥至保障湖,绿杨两岸,芙蕖十里,久之,湖泥淤淀,荷田渐变而种芹。迨雍正壬子(十年,即 1732),浚市河,翰林倡众捐金,益浚保障湖以为市河之蓄泄,又种桃插柳于两堤之上。会构是园,更增藕塘莲界。于是昔之大小画舫至法海寺而止者,今则可以抵是园而止矣。……庚申(乾隆五年)冬,复于溪边构小亭,澄潭修鳞,可以垂钓,莲房芡实,可以乐饥。仿宋叶主簿杞漪南别墅之名,名之曰小漪南。

上述为筱园大概。据园主人《筱园十咏并序》,园内馆松庵,为其偃息之所。如是,可见筱园是一座可望可游可居、清幽雅逸的文人山水园林。

园建成后,四方名士来聚,康熙末雍正间及乾隆前期,园中文酒之会颇盛。乾隆二十年,园渐荒圮,两淮盐运使、午桥同年友卢见曾葺而治之，为三贤祠。园景有些改动，以春雨阁祀欧阳修、苏轼和王士祯；以小漪南水亭改名为苏亭；以今有堂改名为旧雨亭，并于堂后仿弹指阁式建楼，名仰止楼；以药栏中构小室数间，招僧竹堂居之以守三贤香火。其下增小亭，颜曰瑞芍。未久，午桥卒，卢见曾租赁其园，以赡其后人。初，卢建亭署中，郑板桥书"苏亭"二字额，卢作联云："良辰尽为官忙，得一刻余闲，好诵史缮经，另开生面；传舍原非我有，但两番视事，也栽花种竹，权当家园。"后又将苏亭额及联移至小漪南水亭即苏亭之上。

乾隆四十九年，筱园易主，归于汪氏。园以芍药繁盛，遂更名为"筱园花瑞"。

‖小玲珑山馆‖　因一峰玲珑湖石而得名，又以江南先已有玲珑馆，故而冠以"小"字。园在东关街中段南侧，即园主人居所之街南，故而一名街南书屋。园为雍正后期安徽祁门籍盐商马曰琯（1687—1755，字秋玉，号嶰谷）、马曰璐（1697—1766，字佩兮，号半槎、半查）兄弟所筑。

1. 关于小玲珑山馆的建造年代

依据马曰璐《小玲珑山馆图记》，马氏原有居所在东关街北，"房屋湫隘，尘市喧繁，余兄弟拟卜筑别墅，以为扫榻留宾之所。近于所居之街南得隙地废园，地虽近市，雅无尘俗之嚣，远仅隔街，颇适往还之便"。于是鸠工经营，删芟芜杂，掘井引泉，点缀楼台，"三年有成"。"将落成时，余方拟榜其门为街南书屋，适得太湖巨石……甫谋位置其中，藉作他山之助，遂定其名小玲珑山馆"。

正是这一"太湖巨石"，透露出了此园建造年代的信息。董玉书《芜城怀旧录》卷二载："小玲珑山馆太湖石，高丈余，雍正年间，甘泉令龚君鉴赠马嶰谷征君者也。"嘉庆重修《扬州府志》

中说,雍正九年,分江都地增设甘泉县。雍正十年至乾隆元年,钱塘人龚鉴任甘泉县知县。又据《韩江雅集》卷一所载,乾隆八年癸亥,马氏有自金陵凤台门南五里刘家山移来古梅十三株、植于园内七峰草亭之阳的活动,梅树植好之后,全祖望定移梅为题,胡期恒等十五人,各赋七言古诗一章,裒成一卷为《金陵移梅歌》,全祖望作序于乾隆八年十月十六日。马曰琯诗中云"山馆营成近十年,梅花何止三回种"。联系《图记》是园"三年而成"之语,可见小玲珑山馆最早始筑于雍正十年,至十二年建成。

2. 关于小玲珑山馆内的十二景

依据马曰璐《图记》:

"(山馆)中有楼二:一为看山远瞩之资,登之则对江诸山约略可数;一为藏书涉猎之所,登之则以历代丛书勘校自娱。有轩二:一曰透风,披襟纳凉处也;一为透月,把酒顾影处也。一为红药阶,种芍药一畦,附之以浇药井,资灌溉也。一为梅寮,具朱绿数种,幐之以石屋,表洁清也。阁一,曰清响,周栽修竹以承露。庵一,曰藤花,中有老藤如怪虬。有草亭一,旁列峰石七,各擅其奇,故名之曰七峰草亭。其四隅相通处,绕之以长廊,暇时小步其间,搜索诗肠,从事吟咏者也,因颜之曰觅句廊……"

按《图记》所述,园中十二景应为:看山楼、丛书楼、透风轩、透月轩、红药阶、浇药井、梅寮、石屋、清响阁、藤花庵、七峰草亭、觅句廊。《图记》记述了诸景命名之由来,还大体上说明了一些景点之间的关系。同时,参看有关诗文,亦可发现一些景点的命名和变化。

‖看山楼‖ 徐用锡《看山楼记》说,楼之名,源自唐人姚秘监《题田将军宅》诗中"近砌别穿浇药井,临街新起看山楼"。

‖丛书楼‖ 乾隆三年,全祖望作《丛书楼记》。记中说:"吾友马氏嶰谷、半槎兄弟，……其居之南，有小玲珑山馆，园亭明瑟，而峍然高出者，丛书楼也，迸叠十万余卷。"

到了乾隆二十九年开笔、六十年成书的李斗《扬州画舫录》中称："玲珑山馆后丛书前后二楼，藏书百橱。"说明丛书楼在"山馆后"，而且有前后二楼。即由乾隆初至"二马"在世的乾隆中期，马氏由于不断购书，请人抄写罕见书，藏书已大大丰富，已非原来的一座楼所能尽贮。

‖梅寮和石屋‖《图记》云："一为梅寮，具朱绿数种，媵之以石屋，表洁清也。"意思是说，梅寮种了红梅、绿梅数种，并筑石屋与之相映相衬。以石之苍古，映衬梅之高洁。可见二景是紧邻着的。

从马氏兄弟《街南书屋十二咏》中咏此两景的诗句看："瘦竹窗棂青，寒梅屋角白。"（马曰琯）"瘦梅具高格，况与竹掩映。"（马曰璐）梅寮除梅外，还栽植了一些竹。

石屋呢？石屋一般指石头砌成或叠筑而成的房子。马氏兄弟的诗中有："洞中若有石，片云入我怀。长松覆阴窦，烟萝塞阳崖。"（马曰琯）"嵌空藏阴崖，不知有三伏。苍松吟天风，静听疑飞瀑。"（马曰璐）无疑，此园中石屋则是一座以石叠筑的屋形山洞，其上植松遮掩背面的窦穴（而非窗户），薜萝则垂悬于南面的崖壁，山腹洞曲如室，三伏天清凉宜人，在洞内，有时风起，石屋顶上的苍松似轻唱，有时风大，听起来又像是哗哗的飞瀑之声。

‖红药阶和浇药井‖　红药阶，有芍药一畦。为了浇灌，附之以浇药井。井上何所有？马曰琯诗中有"井上二杨柳，掩映同翠幕"。井中水如何？马曰璐写道："井华清且甘，灵苗待洒沃。"

‖七峰草亭‖《图记》曰："（亭）旁列峰石七，各擅其奇。"马

氏兄弟咏此景,有"七峰七丈人,不巾亦不袜。偃蹇立篔簹,清冷
逼毛发"(马曰琯)"七峰七丈人,离立在竹外。"(马曰璐)呼峰石
为丈人,为石丈或石丈人,语出北宋米芾见奇石立峰著袍笏礼拜,
并呼为石丈的故事。《扬州画舫录》写南园九座峰石即有高东井
"名园九个丈人尊"之语。从"二马"诗句和《图记》的记叙中,可
见此景是草亭旁列有七峰形态奇异的湖石,离立于竹里竹外,为
竹掩映,是一处草亭绿竹掩映七峰湖石之景。

　　到了乾隆八年,是年闰,有十三个月。这年十月,马氏兄弟从
金陵凤台门外五里之刘家山移来古梅十三株,植于七峰草亭之阳。

　　如是,此景则成为亭、石、竹、梅组合的画面。八怪之一的汪
士慎,曾寓居七峰草亭之旁的屋舍,侍弄荷花,他有《盆荷》等诗,
可见此景夏日又荷香四溢。

　　‖觅句廊‖　在七峰草亭四周。依《图记》所说,此廊既曲折
又幽长。与草亭构成一亭翼然,曲廊环绕,有竹,有石,有梅,有荷,
既空灵又静谧,充满画意诗情的一处景点。

　　‖透风轩和透月轩‖《图记》中说,"有轩二:一曰透风,披襟
纳凉处也;一为透月,把酒顾影处也。"为十二景中之两景,在马氏
兄弟的《街南书屋十二咏》中,以一题《透风透月两明轩》而写之,
是一题咏两轩的写法。因为两轩之名,皆出于唐人王维《酬张少
府》诗之颈联"松风吹解带,山月照弹琴"的诗意。所以马曰琯在
此咏中说:"摩诘老人语,借以颜吾轩。弹琴复解带,此意谁为传?"

　　‖清响阁‖《图记》云"周栽修竹以承露",即四周植竹。马
曰琯咏此景诗:"启窗无所有,梅桐花乱开。"窗外还有梅、桐。

　　‖藤花庵‖《图记》云"中有老藤如怪虬"。据杭世骏《藤花
庵四咏》,庵内有树根几、雕竹屏风、鬈漆榻、琴砖。

3. 关于那峰"太湖巨石"即玲珑湖石

（1）那峰玲珑湖石之美

据《小玲珑山馆图记》中说"石身较岑楼尤高"。"……将落成时，余方拟榜其门为街南书屋，适得太湖巨石。其美秀与真州之美人石相埒，其奇奥偕海宁之绉云石争雄。虽非娲皇炼补之遗，当亦宣和花纲之品。米老见之，将拜其下；巢民得之，必匿之庐。余不惜资财，不惮工力，运之而至，甫谋位置其中，藉作他山之助，遂定其名小玲珑山馆。"

马曰璐比之于明末真州汪氏荣园中的美人石（按：嘉庆重修《扬州府志》，后来阮元易其名为湘灵峰），又比之于称江南三大奇石之一的绉云峰，绉云峰高 2.6 米，腰狭处仅 0.4 米，有"形同云立，纹比波摇"之美。又说宋人米芾若见将会下拜，冒辟疆得之，定会珍藏府中。冒辟疆晚年，水绘园荒废后，曾构筑"匿峰庐"。可见此峰湖石之美秀奇奥。园主人又不惜工本，运之而至，想在园中找个合宜的地方竖立起来，并为之更易园名，可见园主人对此峰湖石的珍爱。而"甫谋位置其中，藉作他山之助"，更道出了园主人易"街南书屋"为"小玲珑山馆"的真正因由。即《诗经》所云"它山之石，可以为错"、"它山之石，可以攻玉"，这与马氏礼敬名士，借助藏书、交友，帮助自己敦修品性的初衷，十分契合。中国古典山水园林中，叠山石、竖立峰，除却营造山水泉石如图如画可观可赏之外，也蕴涵着"罗列他山助我山"之深意。

（2）玲珑湖石的来源

据《芜城怀旧录》说，这峰湖石，是"雍正年间，甘泉令龚君鉴赠马嶰谷征君者也"。龚鉴所赠，为建园年月提供一个旁证，但它又来自何处呢？从此石残损后的上段看，其上有镌印两方：

"玲珑山馆"、"玉山草堂真赏",阴刻题字两处:"玉山高并"、"小玲珑山馆清供"。其中"玲珑山馆"、"小玲珑山馆清供",应为马氏获石之后所镌,而"玉山草堂真赏"和"玉山高并",却透露出了这峰湖石原为元末江南昆山顾瑛玉山草堂之物。顾氏园中有"种玉亭"、"小蓬莱"、"拜石轩"等三十六景,总名玉山佳处,是江南一座名园。元代作家杨维祯(1296—1370)曾为之作《玉山佳处记》。昆山,本出奇石似玉。旧籍上说,昆山"出奇石似玉,烟雨晦冥,时有佳气如蓝田焉"。石上"玉山高并",此四字出自杜甫诗《九日蓝田崔氏庄》:"蓝水远从千涧落,玉山高并两峰寒。"《元和郡县志》上说,蓝田县有蓝田山,出玉,一名玉山。《华山志》说:(华)岳东北有云台山,两峰峥嵘,四面悬绝,因蓝田山去华山近,故曰"高并两峰寒"。顾瑛园中石上镌"玉山高并",有以蓝田山(玉山)指喻昆之玉山之意。当此峰移至街南书屋,马氏兄弟珍爱此石,有人或谓,"琯"有似玉美石之意,"璐"即美玉,都与"玉"靠上了,顾氏石上"玉山高并",正好指喻街南书屋主人昆仲,这是偶然巧合之事。如若石至马氏园后,才镌刻"玉山高并",即明显有马氏兄弟自翊高山,且两峰并立,这与《图记》中之"藉作他山之助"的谦恭品行,大相径庭了。

20世纪60年代初"破四旧"时,山馆旧址已空荡无物,赖有识之士发现残石上段,辇运至其时扬州博物馆所在的史公祠内,匿于桂花厅东"留云"小门巷内。此玲珑湖石上段,高近2米,顶有两峰,玲珑多致,虽残犹美。2012年冬,山馆重建落成,此玲珑湖石已回归故园。

4. 小玲珑山馆的崇文尚友之风

乾隆时沈德潜序马曰琯《沙河逸老集》说:"古人莫不有癖,

嶰谷（马曰琯）独以古书、朋友、山水为癖。"园主人的癖好，不仅对于园林的营造有影响，还会从它的方方面面体现出来。即以园名而言，小玲珑山馆，又名街南书屋，这不仅表明它既是一处山水、楼台如画的园林，也是一座帙卷百橱、散溢翰墨幽香的书城。"山馆"，多泉石自然的意趣；"书屋"，则重文化氛围的表达。二者皆为园主人所爱重，所以在他们的诗文里都很常见。具体到十二景，如楼曰"看山"、"丛书"，轩曰"透风"、"透月"，廊曰"觅句"等等，无不与园主人的癖好相关连，有着浓郁的书卷气。现从以下几个方面来说：

（1）抄书和藏书

全祖望《丛书楼记》中说楼中"迸叠十万余卷"。《清史列传》本传说"（马氏）见秘书，必重价购之。……藏书甲大江南北。"全祖望也是位有名的藏书家，南北往来每过马氏宅，马氏必询其所见书之消息，说马氏"随予所答，辄记其目，或借钞，或转购，穷年兀兀，不以为疲"。请全祖望钞宋人《周礼》诸种，钞《永乐大典》，钞天一阁所藏遗籍。马曰璐曾编家藏图书索引为《丛书楼目录》，乾隆九年，更请全祖望为书目序。序中称赞马氏兄弟"沉酣深造，屏绝世俗剽贼之陋，而又旁搜远绍，荟萃儒林文苑之部居，参之百家九流"。阮元《广陵诗事》中说："马秋玉征君（曰琯）、半查（曰璐）昆弟并嗜古能诗。家藏书籍极富，贮丛书楼。装订致精，书脑皆用名手（写）宋字，数人写之，终年不能辍笔。"亦可见藏书之精美。

（2）校书和刻书

全祖望《丛书楼记》中说："聚书之难，莫如雠校。嶰谷（马曰琯）于楼上，两头各置一案，以丹铅为商榷。中宵风雨，互相引申，……箫鼓不至，夜分不息，而双灯炯炯，时闻雒诵。……以故，其书精核,更无讹本。"说到马氏兄弟刻书,《皖志·列传稿》卷三本传载:"(马氏)尤酷嗜典籍,出高价以购人间未见书。而梓行巨著如朱彝尊《经义考》之类,以饱学者。"《经义考》付梓刻印,即费千金。又为汪士慎刻《巢林诗集》,为姚世钰刻《莲花庄集》,又校刻《许氏说文》《玉篇》《广韵》《字鉴》等。同时,因为校勘精慎,书版精美,时谓之"马版"。

（3）用书和献书

由于小玲珑山馆藏书丰富,珍本极多,主人又喜好宾客,一时寓居山馆抄书、校书、著书者,有全祖望、厉鹗、杭世骏等,对陈章、姚世钰、陈撰、金农、符曾、陶元藻等人尤为礼尊,惠栋、程梦星、卢见曾等亦时来访借阅。许多学者名士皆能在此潜心阅读,写成自己的著作,如厉鹗寓居山馆多年,遍览楼中珍藏刻本、钞本,他精研辽、宋史籍,著成《辽史拾遗》;阅读了大量宋人诗集、诗话、地志,编纂《宋诗纪事》一百卷,对诗人的世系、爵里、诗篇本事等,皆搜罗得十分详备。

乾隆三十八年(1773),朝廷开四库馆,征天下书。是年闰三月初三日,乾隆传谕两淮盐政李质颖:"淮扬系东南都会,闻商人中颇有购觅古书善本藏者。而马姓家藏书更富,凡唐宋时秘册遗文,多能裒辑存贮,其中宜有可观(者),若能设法借抄副本呈送,于四库所蓄,实有裨益。"三十九年,马氏后人马裕三次于藏书中选取 776 种呈进。同年五月十四日,乾隆上谕中说:"今阅进到各家书目,其最多者如浙江之鲍士恭、范懋柱、汪启淑、两淮之马裕四家,为数至五、六、七百种。皆其累世弆藏,子孙克守其业,甚可嘉尚。因思内府所有《古今图书集成》为书城巨观,人间罕觏。此等世守陈编之家,宜俾专藏勿失,以永留贻。鲍士恭、范懋柱、汪启淑、马裕四家,着赏《古今图书集成》各一部,以为好古之劝。……以示嘉奖。"《古今图书集成》共一万卷,分六编三十二典。马氏敬谨珍藏,以十柜贮之,供奉于正厅。后又获朝廷赐《平定伊犁御制诗》三十二咏,《平定金川御制诗》十六咏,《得胜图》三十二幅及御题《鹖冠子》诗等,皆供奉于家。

献书之举及对《四库全书》的贡献,使小玲珑山馆饮誉朝野;而获赐书,又丰富了山馆的藏书,同时皇帝又赐御制诗等,也使得山馆荣宠无比。

（4）崇古尚友,使山馆成为乾隆前期扬州文坛诗文活动的一个重要中心

小玲珑山馆在乾隆前期,不仅是一座景色优美的园林和一座书城,它的魅力,还在于马氏兄弟本身,他们工于诗书,喜好宾客,礼敬文朋诗友,四方之士过之,适馆授餐,终身无倦色。袁枚在吊马曰琯的诗里说山馆"横陈图史常千架,供养文人过一生",比之于兰亭、金谷,比之于当年玉山之顾瑛。《皖志·列传稿》本传中说:"（马氏）资产不及其他鹾贾,而宾礼海内贤士,慷慨好义,名闻四方。"杭世骏在一篇文章中说马曰琯"以济人利物为本怀,以设诚致行为实务"。列举了马氏在救灾、开河、修路、设义渡、造救生船、重建梅花书院等等善举之后,又说:"若夫倾接文儒,善交久敬,意所未达,辄逆探以适其欲。钱塘范镇、长洲楼锜年长未婚,择配以完家室。钱塘厉征君（鹗）六十无子,割宅以蓄华妍;勾甬全吉士（祖望）被染恶疾,悬多金以励医师;天门唐太史（建中）客死维扬,厚赙以归其丧;勾吴陆某病既亟,买舟疾趋以就君曰:'是能殡我。'……（又）合四方名硕,结社韩江,人比之汉上题襟、玉山雅集。"参与韩江雅集者,约四十多人,有胡期恒、唐建中、程梦星、

汪玉枢、厉鹗、方士庶、方士庼、王藻、陈章、陈皋、闵华、全祖望、高翔、洪振珂、郑江、赵昱、丁敬、杭世骏、陈祖范、查祥、刘师恕、王文充、姚世钰、方世举、邵泰、楼锜、陆锡畴、团昇、钱苍佩、褚竣、张四科、张世进、陆钟辉、史肇鹏等，皆当时名宿，后编成《韩江雅集》十二卷。集中有《金陵移梅歌》《雪中故事》《梅花纸帐歌分咏梅花事》《行庵食笋》《打麦词》《养蚕词》《分咏扬州古迹》《东园杂咏》等诸题。这些诗文均为他们文会宴游的纪事与抒发。

山馆内的文化活动十分丰富，如程梦星在山馆内题赏宋人郭熙的《寒风密雪图》，汪士慎于试灯前一日在山馆听高翔诵读《雨中集字怀人》诗。大家一起登看山楼赏雪，而后各人赋诗一首，或作联句之戏。有年重午，山馆展出多幅钟馗图，招集文友欣赏，而后分咏其中一图。据阮元《广陵诗事》说，山馆钟馗图，有听琴图、嫁妹图、踏雪图、策蹇图、出猎图、观傀儡图、元夕出游图、戏婴图、秤鬼图、夜游图、执笏图、品茶图、缘竿图。阮元听前辈诗人说，山馆每到重午时，堂、斋、轩、室皆悬钟馗图，无一同者，且画皆出前明名家，如执笏图为陈老莲画。听琴图，则似仇十洲手笔。

‖行庵　南庄‖

两处均为马氏别业。

行庵在城北天宁寺西。乾隆中期，行庵归于御花园。

南庄，在城东霍家桥之南，庄内有青畣书屋、君子林、鸥滩、春江梅信、小桐庐、庚辛槛、卸帆楼等景。

‖贺氏东园‖　在法海寺东侧，贺君召始建于雍正间，落成于乾隆九年。

李斗《扬州画舫录》卷十三："贺园始于雍正间，贺君召创建。"因园在法海寺（康熙时赐名莲性寺）之东，时人称莲性寺东园,园主人称之为扬州东园。但因在它前前后后,扬州东园较多,故冠以姓氏,名之曰贺氏东园或贺园。

贺君召,字吴村,临汾人。喜风雅,好宾客。贺园始建时有六景,即翛然亭、春雨堂、品外第一泉、云山阁、吕仙阁、青川精舍。其时,陕西蒲城人屈复(1668—1745)过扬州,受贺氏之请,曾作《扬州东园记》曰:

> 东园曰"扬州"者,别于真州也。园在城西而曰"东园"者,地居莲性寺东,因以名之,从旧也。前五十年,余尝登平山堂,北郭园林,连绵错绣,惟关壮缪祠外,荒园一区,古杏二株,扶疏干云日,丛篁蓊密,荆棘森然。去年春,又过之,则凋者芳,块者殖,凹凸者因之而高深,游人摩肩继踵矣! 周以修廊,纡以曲槛,右结翛然亭,左构春雨堂。岭下为池,梁偃其上,新泉出焉,味甘列不减蜀冈,名曰"品外第一泉"。云山、吕仙二阁矗乎前后,门临流水,花气烟霏,而古杏新莩,愈浓且翠,纵步跻攀,携手千里。堂以宴,亭以憩,阁以眺,而隔江诸胜皆为我有矣。

至乾隆九年,贺氏东园又增建了醉烟亭、凝翠轩、梓潼殿、驾鹤楼、杏轩、芙蓉沜、目瞤台、对薇亭、偶寄山房、踏叶廊、子云亭、春山草外山亭、嘉莲亭等十三景,当年五月竣工。

两年后,即乾隆十一年,贺君召请画界名家扬州袁耀绘园内醉烟亭、凝翠轩、梓潼殿、驾鹤楼、杏轩、春雨堂、品外第一泉、云山阁、目瞤台、偶寄山房、子云亭、嘉莲亭十二景为《扬州东园图》。

未久,园内景点名称和建筑,有了些变动或增建。如乾隆十一年秋,韩江雅集秋禊于贺园举行,从留存下来的《韩江雅集·东园分咏》看,就多了马半查所咏之"春水步",陈章所咏之"小鉴湖",方士庶所咏之"蘋风槛"。

乾隆二十二年,两淮巡盐御史高恒,开莲性寺北莲花埂新河,筑莲花桥(五亭桥),贺氏东园的范围和景观又有了变化。所以到了乾隆二十九年开始动笔的《扬州画舫录》中,有了如下记叙:

> 今截贺园之半,改筑得树厅、春雨堂、夕阳双寺楼、云山阁、菱花亭诸胜。其园之东面子云亭,改为歌台。西南角之嘉莲亭,改为新河,春山草外山亭改为银杏山房,均在园外。另建东园大门于莲花桥南岸,其云山阁便门,通百子堂。

同时,对以上诸胜还作了具体描述:

> 春雨堂柏树十余株,树上苔藓深寸许,中点黄石三百余石。石上累土,植牡丹百余本。圩墙高数仞,尽为薜荔遮断。堂后,虚廊架太湖石上,下临深潭。有泉即品外第一泉。其北,菱花亭……亭北为夕阳双寺楼,高与莲花桥齐,俯视画舫在竹树颠。
>
> 云山阁在夕阳双寺楼西……得树厅银杏二株,大可合抱,枝柯相交。
>
> 桥外子云亭,桥内紫云社,皆康熙初年湖上茶肆也,乾隆丁丑(二十二年)后,紫云社改为银杏山房,由莲花桥南岸小屋接长廊,复由折径层级而上,面南筑屋三楹,与得树厅比邻,暇时仍为酒家所居,易名青莲社。

第四章　扬州园林的辉煌时期

（清代乾隆年间）

乾隆时期的扬州园林，鼎盛、辉煌，城内外园林逾百，且风格多样，尤以湖上园林群落惊异天下。由虹桥抵平山，"两堤花柳全依水，一路楼台直到山"，每座园林，各有特色，形成了连续十里水映山带、花木苍茂、楼台隐约的山水画卷。"杭州以湖山胜，苏州以市肆胜，扬州以园亭胜，三者鼎峙，不可轩轾。"扬州园林甲天下，唯在此时。

经过顺治、康熙、雍正三朝九十年的恢复和发展,到了乾隆年间,随着盐、漕的兴盛,商业、手工业的繁荣,文人、画家和造园匠人的汇聚,加上一个喜欢筑园、游园的皇帝多达六次的南巡,扬州园林发展到了极盛时期。

这一时期的园林,除了前一时期所建成的休园、筱园、梅花书院、万石园、小玲珑山馆等等,始建于雍正年间的贺氏东园已于乾隆九年竣工,大明寺、莲性寺等已重经修葺。本时期官建的只有白塔、莲花桥、天宁寺行宫(盐商集资)、文汇阁、史公祠、学圃和运司衙门里的题襟馆。而私家园林则如雨后春笋般不断涌现于城里城外,尤以盐商寓居的新城和城北保障湖上为盛。

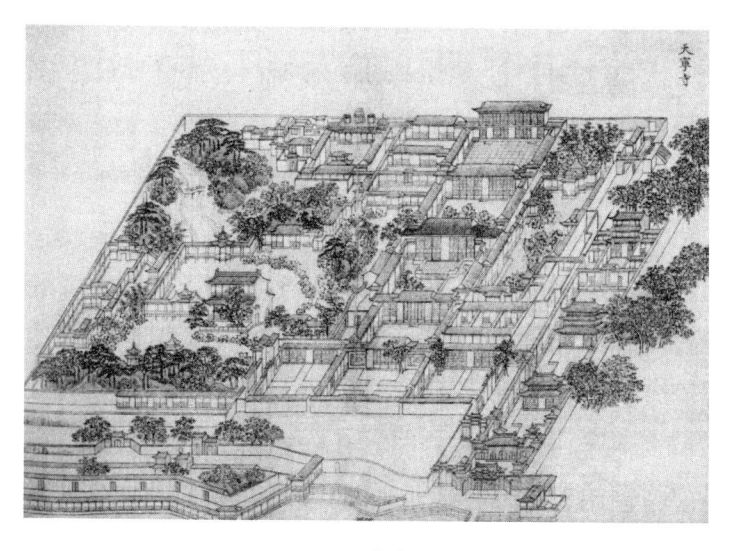

天宁寺行宫(录自《江南园林胜景》)

城南、城东郊有：九峰园（汪长馨别业，乾隆第三、四、五、六次南巡皆临幸，以下只注园主或出资建园者等）、秦园（乾隆中叶秦黉购汪氏园重葺）、秋雨庵、水南花墅（江春）、漱芳园（江氏，后归汪氏）、福缘寺园（始建于明末，乾隆十六年临幸此园，赐寺名，二十年毕仲林重修）；霍桥南有南庄（马曰琯、马曰璐）、黄园；城东南郊有可园（程梦星有《可园探梅》，中有"今日探梅城东南"）、榆庄（方士淦，袁枚为之作《榆庄记》）、宜庄（黄澹园，沈德潜为之作《宜庄记》）；城东郊有深庄（江春）、梅庄（陈敬斋，郑板桥为之作《梅庄记》）；东乡大桥有念莪草堂（朱申之）；瓜洲有锦春园（吴家龙、吴光政父子，乾隆六次南巡，皆驻跸其中，本名吴园，乾隆十六年赐名）。

城里的有，新城东南为康山草堂（江春）、徐氏退园（徐赞侯）（以上二园，乾隆第五、六次南巡临幸）、徐氏园（徐本增）、易园（黄晟），南河下有随月读书楼（江春）、秋声馆（江春）、鄂不诗馆（陆钟辉），花园巷有驻春园（黄阆峰，始建于明代，清初名小方壶。后道光时归包氏，名棣园），徐凝门有静修养俭之轩（鲍志道），阙口街有别圃（黄履昂），流芳巷有容园（黄履昊，后归江畹香，称江园），左卫街有双桐书屋（张琴溪），蒋家桥东有倚山园，倚山南有十间花园房（黄履暹），辕门桥西有纻秋阁（李斗旧居），东关街疏理道有安氏园（安麓村），广储门街西有樊家园，弥陀巷东有朱草诗林（罗聘）等。在旧城者，为北门街之秋集好声寮（江春），堂子巷有秦氏意园（秦黉、秦恩复父子）等。

北城河外，湖上至蜀冈一带，有高庄、柳林（朱标，地在史公祠西），天宁寺后有平冈秋望，寺西有让圃（陆钟辉、张四科）、杏园、马氏行庵（马曰琯、马曰璐），重宁寺东有江氏东园（江春），寿安寺西有西畴别业(方士庹),城外东北隅有竹西芳径(程梦星等修葺),高桥之西沿漕河(迎恩河)有华祝迎恩(众盐商筑)、邗上农桑(王勋)、杏花春舍(王勋)、临水红霞(周楠)、平冈艳雪(周楠)。北城河沿河,出天宁寺行宫,为御马头,北有丰市层楼、李氏小园(郑板桥寓居之所)、毕园(后归罗氏),问月桥西为城闉清梵(毕本恕),内有绿杨城郭、闵园、绿杨村、罗园、勺园(汪希文种花卖茶处),河南沿城阴有堞云春暖(江兰、江藩)。沿北城河向西,城河北岸为卷石洞天(即小虹园,洪征治);其西,为西园曲水(旧为张氏园,又先后归黄晟、汪灏、鲍志道)。城河南岸与西园曲水相对,为倚虹园,即大虹园,园有虹桥修禊、柳湖春泛二景区(洪征治,乾隆第三、四、五、六次南巡,皆临幸),虹桥(原为木桥,围以红栏,称红桥。乾隆元年,黄履昂改建为拱形石桥,如长虹卧波,始称虹桥),虹桥西桥爪为跨虹阁(黄为蒲重葺),其南,为冶春诗社(田毓瑞),湖水西岸跨虹阁北,为长堤春柳(黄为蒲)、韩园(康熙时韩魏之园,乾隆时归黄为蒲,重修)、桃花坞(黄为荃),湖中为梅岭春深,即小金山(程志铨始筑,后余氏重葺),虹桥东岸为净香园(有荷浦薰风、香海慈云、青琅玕馆三景区,原为江春筑,乾隆二十七年赐名净香园,乾隆第三、四、五、六次南巡临幸)、趣园(有四桥烟雨、水云胜概二景区,黄履暹别业,后赐名趣园,乾隆第三、四、五、六次南巡临幸)、莲性寺白塔(乾隆二十一年建,四十九年重修),莲性寺东为贺氏东园(贺君召),寺北为莲花桥(乾隆二十二年盐政高恒建),桥之西侧北岸为白塔晴云(程扬宗、吴春辅等先后营筑,后归巴树保),寺西为玲珑花界、平流涌瀑(汪廷璋),湖水北折处,面东为春台祝寿(汪廷璋),熙春台后为听箫园,台之北为康熙末程梦星所筑之筱园,乾隆二十年前仍称旧名,之后改为三贤祠,后归汪氏，重葺为筱园花瑞（汪焘，乾隆第六次南巡临幸）。其北，为蜀冈朝旭（李志勋、张绪增等重葺，乾隆第三、六次南巡临幸，赐名高咏楼）、春流画舫（吴禧祖）、万松叠翠（吴禧祖）、尺五楼（汪秉德），湖水东岸白塔晴云之北，为石壁流淙（徐士业，即徐赞侯，乾隆第四、六次南巡临幸，赐名水竹居）、锦泉花屿（吴玉山，张正治重葺），此处已至蜀冈之下。

蜀冈东峰观音山半，有山亭野眺（程瓒），东峰与中峰间有双峰云栈（程玓），中峰法净寺东有小香雪（汪立德建，原为十亩梅园，乾隆第四次南巡临幸，赐名）、松岭长风（汪立德建），平山堂真赏楼后有洛春堂（汪应庚筑），平山堂西有芳圃（汪应庚筑），蜀冈下尺五楼水马头有紫霞居（王姓老人）。另外，北湖有花园庄（阮氏始筑于康熙后期，乾隆时园尚在）。还有三分水二分竹书屋，为申甫（1706—1778）别业；闾阎斋为闵华吟诗处等等。

谢溶生《扬州画舫录》序中说："山名蜀阜，脉接川南；水号邗沟，波分淮北。增假山而作陇，家家住青翠城闉；开止水以为渠，处处是烟波楼阁。……保障湖边，旧饶陂泽；平山堂侧，新富林塘。花潭竹屋，皆为泊宅之乡；月屿烟汀，尽是浮家之地。"赞颂的即是当时扬州城里城外园林相属、风光旖旎的情况。

就以上所述，乾隆时期扬州园林已逾百处，成为扬州园林兴筑的极盛时期。而这些园林，由于造园主人的财富、修养，特别是造园目的差异，又显示出园林景观风格上的不同，如榆庄、梅庄、宜庄、马氏南庄、黄园、可园，城中的容园、朱草诗林、秦氏意园，湖上的筱园，蜀冈上的洛春堂、平山堂西园（芳圃）等一批园林，传承着影园、休园、小玲珑山馆等文人山水园林的意趣。以榆庄为例，在城郊五六里，远避城嚣。门外白榆历历，园中有城南别墅（堂）、无隐楼、同春阁，以及翠微深处、此君轩、梅亭、寒手亭、小沧浪、云窝、鱼乐国诸景，又多植鼠姑花及桂、竹、梅等，袁枚在《榆庄记》中说："主人道韵平淡，朴角不斫，素题不枅。除一二幽人憩息外，虽显贵挟势以临之，卒色然而拒。"这一类园，多为文士、致仕官员、文化修养深厚者所筑，目的为了避世归隐，追求的是"兴寄林园，不重荣禄，才裕而迹晦，外朗而内和，体宁而心恬"（沈德潜《宜庄记》）。如唐宋文人寄寓于山庄草堂咏梅赏菊、植竹置石、观鱼濠濮的那种生活，园景多崇尚自然，建筑不事雕琢，以致"朴角不斫，素题不枅"，显示出文人山水园林的风格。而湖上园林中，则多建筑争奇斗妍、楼台稠错、高堂敞阁、精雕彩绘之园，虽也追慕自然，明显张扬财富、人力。"靡不百栱千栌以为胜，抗虹翼绮以为华"（袁枚在《榆庄记》中指评的另一类园林之语），这类园林常常较有规模，亦多林泉之美，兴造目的多为迎御驾而求宸赏，如净香园、倚虹园、趣园等等。特别是迎恩河（漕河或称草河）畔的华祝迎恩、邗上农桑、杏花村舍、临水红霞，以京师档子法筑就的布景式的迎接皇帝御驾的园林，山水楼台散溢着浓浓的富贵之气，这类带有明显"迎上"色彩的园林，自然与榆庄、梅庄、宜庄等等为了"娱己"之园风格相异。

　　但是湖上园林情况又多不同，如倚虹园两个园区，虹桥修褉则华，而柳湖春泛则朴；趣园中二景区，四桥烟雨繁密，水云胜概疏淡。如此，乾隆年间的扬州园林呈现出了空前的风格多样的胜景，而其中又以《平山堂图志》《扬州画舫录》所描述的湖上园林为重。以今日语言来说，它们是一些"主流"园林。显示乾隆间扬州园林胜迹的，也多是这一类园林。它们既不同于北方皇家园林的雄伟、阔大、庄严与绚丽,又与同属于江南园林中的苏、杭园林的悠远、灵秀、淡雅与清幽,不尽一致。基本上呈现出南北并收、雄秀兼得的独特的扬州园林艺术风格。比苏、杭园林劲健、富丽,呈现出灵秀中多了韵致,端庄中多了清健,淡雅中多了色彩的审美意趣,而且极富个性化的创造。园主们既善于利用自然山水条件,又由于财力的赡富,能够充分发挥人力智慧和运用成熟的造园技艺,多方因借,达到"虽由人作,宛自天开"的效果,致使扬州园林的造园艺术发展到了前所未有的高度。

现就乾隆时期扬州园林的成就,申述如下。

一、北郊湖上园林群落形成

扬州北郊,自蜀冈以下,向南数里至明清之时的旧城与新城,其间一片阔广的地带,系唐宋以后城池日缩留下的空间。它北倚蜀冈,南接城垣,其间保障湖宛转曲折南来,草河(漕河)、邗沟又东西横流,水源丰富,地势平缓,草木茂盛。杜甫诗云"名园依绿水",这里确实是筑园的上佳之地。

明代中后期,扬州商绅筑园多在城里或城南一带,如影园。明末,北郊至蜀冈,虽有红桥和早就存在的法海寺、大明寺、平山堂,春秋佳日如张岱《扬州清明》(载《陶庵梦忆》)所记,也成了胜游之地。至清代顺治、康熙间,新筑之园仍以城里和近城郊野为多。如顺治时的休园、康熙时的百尺梧桐阁和乔氏东园等。康熙初北郊亦多园,多在红桥一带。由红桥向北,到小金山,再西折至法海寺,虽然保障河水道曲折细瘦,但风光甚好,水上游船已多。扬州著名诗人吴绮(1619—1694),在其《扬州鼓吹词序》中说："城北一水,通平山堂,名瘦西湖,本名保障湖。其东南有小金山焉,在城北约二三里。……每逢夏日,郡人咸乘小舟徜徉其间以为乐,日夕归来,小舟点点如蜻蜓,掩映夕阳,直如画境,而扬州之风景游览,亦以此为最盛焉。"这是"瘦西湖"之名,最初见于诗文者。康熙时,扬州士女游北郊,从红桥船行只能到法海寺,再向北,湖水浅窄不能通行,只有舍舟陆行才能抵达平山堂。在湖上建的第一座园林,是康熙五十五年归里翰林程梦星所建之筱园,地在今熙春台之北、湖水西岸。雍正末临汾商人贺君召,开始在湖上建贺氏东园,乾隆九年落成,地在今莲花桥南法海寺东侧。到乾隆年间,湖上园林才不断出现。特别是保障湖经过几任两淮盐政的开拓疏浚,乾隆十六年开始南巡之后,乾隆二十二年盐政高恒开莲花埂新河造莲花桥,立即兴起湖上造园的热潮。自天宁寺御码头、虹桥至平山堂的画舫水道打通后,盐商们看到造园以邀宸赏的价值,《扬州画舫录》卷十四所载:"乾隆二十二年(1757),高御史开莲花埂新河抵平山堂,两岸皆建名园。北岸构白塔晴云、石壁流淙、锦泉花屿三段,南岸构春台祝寿、筱园花瑞、蜀冈朝旭、春流画舫、尺五楼五段。"据《扬州画舫录》卷十载:"乾隆乙酉(三十年),扬州北郊建卷石洞天、西园曲水、虹桥揽胜、冶春诗社、长堤春柳、荷浦薰风、碧玉交流、四桥烟雨、春台明月、白塔晴云、三过留踪、蜀冈晚照、万松叠翠、花屿双泉、双峰云栈、山亭野眺、临水红霞、绿稻香来、竹楼小市、平冈艳雪二十景。……乙酉后,湖上复增绿杨城郭、香海慈云、梅岭春深、水云胜概四景。"合称二十四景。加上邗上农桑、杏花村舍、小香雪、平山堂西园(芳圃)及平流涌瀑、贺氏东园、韩园、桃花坞、红桥修禊、柳湖春泛、江氏东园等等,大大小小数量已过半百。

春台明月（清·袁耀绘，故宫博物院藏）

　　到了乾隆中后期，湖水两岸园林已经一座连接着一座，湖上园林群落已经形成。苏州人沈复在乾隆四十九年第六次南巡前一年，就聘于扬州。他在《浮生六记》卷四《浪游记快》中说："余适恭逢南巡盛典，各工告竣，敬演接驾点缀，因得畅其大观。""平山堂离城约三四里，行其途有八九里，虽全是人工，而奇思幻想，点缀天然，即阆苑瑶池、琼楼玉宇，谅不过此。其妙处在十余家之园亭合而为一，联络至山，气势俱贯。"袁枚《随园诗话》卷六引述了当时一位金陵诗人刘春池描绘扬州城北沿湖水至平山堂园林相接的诗句："两堤花柳全依水，一路楼台直到山。"已成为描述当时湖上园林群落的经典名句。

　　一条曲折宛转的湖水，南接城北市河，北抵平山堂下，它时宽时窄，时直时曲，形成不少水湾，不少汀洲岛浦，不少河汊支流。地势时起时伏，时高时下，平旷中点缀着一些冈坡小阜（有的是浚湖积土形成）。这是湖上园林群落生成的地理条件。北有蜀冈三峰及其上大明寺、迷楼、平山堂等名胜的映带，南有虹桥以及刚过去不久的王渔洋等修禊的盛事，中段还有古刹（莲性寺）、名园（篠园）点缀，这是湖上园林群落生成的人文基础。更有富可敌国的盐商的财力和天子南巡的机遇，这一湖上园林群落便应运而生，呈现在世人眼前了。

湖上园林群落一座座园林或前后相接，或隔水相望。或以篱分，或以桥连。园景或以水石胜，或以竹树胜，或以建筑胜，建筑形式亦多奇楼邃室，争奇斗妍，各不相让。如此，沿着碧水翠柳，形成了一幅延绵十多里的山水园林长卷，成为当时苏、杭二地所无、扬州独特的园林奇观。

清人金安清在《水窗春呓》中说："扬州园林之胜，甲于天下。由于乾隆朝六次南巡，各盐商穷极物力以供宸赏，计自北门直抵平山，两岸数十里楼台相接，无一处重复。其尤妙者在虹桥迤西一转，小金山矗其南，五顶桥锁其中，而白塔一区雄伟古朴，往往夕阳返照，箫鼓灯船，如入汉宫图画。盖皆以重资广延名士为之创稿，一一布置使然也。"

这一园林群落的形成，不仅因连接、相望使互相因借成为可能，而且有些借景，还能成为构园因借的典范。如四桥烟雨，将其南北及西边的四座名桥，红桥、莲花桥等揽入望中。烟雨迷蒙时日，更多诗情画意。如梅岭春深（小金山）西端长屿尽头之吹台（钓鱼台）亭，西、南二圆形月洞门，分别将百米外的莲花桥、白塔兜入。一卧一立，一彩一素，形成奇妙的借景。

同时，由于诸园皆坐落于湖水两岸，湖水则成为连接它们的纽带，成为水上进入各园的通道。《扬州画舫录》中说，湖上各园皆各设水门,湖上画舫顺着柳堤,沿着荷塘,观赏诸园景色就成了这一园林群落生成的一大特色。据《扬州画舫录》,乾隆时期湖上各式画舫,已多达230多艘。有绅商、官宦之家的大型画舫,舱有六柱,顶有穹篷,两侧置有栏楹,如亭如榭,有时数艘衔尾而行,过虹桥则两艘并行,连如方舟,甚至三艘并行,舱中宾客喧闹,远望如排山倒海而来。还有歌船、花船、鸟船、灯船、酒船等等。朱彝尊诗云:"行到虹桥转深曲,绿杨如荠酒船来。"酒船是湖上专营酒宴的船。《扬州画舫录》上说:"画舫在前,酒船在后,橹篙相应,放乎中流;传餐有声,炊烟渐上,幂历柳下,飘摇花间,左之右之,且前且却,谓之行庖。"

湖上画舫,逢市云集。每年,春有梅花、桃花二市,夏有牡丹、芍药、荷花三市,秋有桂花、菊花二市。以及正月财神会(正月初五),三月清明市,五月(初五)龙舟市,六月十九观音香市,七月盂兰会市,九月(初九)重阳市,湖上游人骤增,船价亦增至数倍,画舫亦形形色色,连女眷船也多,这种画舫门窗竹帘或珠帘重蔽,家人仆役排列船周,且以多为荣。每年五月龙舟市,这种女眷堂客船最多。除了湖中有行庖的酒船,沿岸附近酒肆、茶楼也多,消费也多,这种湖上冶游之风,从康熙初就逐渐盛行。王渔洋咏红桥诗即有"日午画船桥下过,衣香人影太匆匆"。稍后,孔尚任咏红桥竹枝词亦有"法海红桥浅水通,船船堂客珠帘笼。相逢半尺挨肩过,粉气衣香占上风。""留恋红桥市酒香,归来都到月昏黄。"大约在木栏红桥改拱形石桥、称虹桥前后,即在乾隆元年或前一两年的七月十四日(秋禊之日),扬州诗人闵华(字玉井,号莲峰)和三位江南诗人,即汪沆(1704—1784),钱塘人;王藻(字载扬),吴江人;齐召南(1703—1768),字次风,天台人,修禊于红桥。汪

沆作《红桥秋禊词,同闵莲峰、王载扬、齐次风作》三首,其一云:

> 垂杨不断接残芜,雁齿红桥俨画图。
> 也是销金一锅子,故应唤作瘦西湖。

汪沆在杭州西湖畔长大,西湖在南宋时,冶游特盛,"日糜金钱,靡有纪极。故杭谚有'销金锅儿'之号"(周密《武林旧事》)。汪沆看到扬州保障湖冶游繁盛,画舫往来,红桥一带,风光秀美,俨然画图,而消费也如熔化金银之坩埚。感慨而发"故应唤作瘦西湖"。这首诗,亦褒亦贬,褒中寓贬。康熙时,吴绮最早就将保障湖与西湖相比,称之为瘦西湖,多言其形;数十年后,湖上园林多了,游客也多了,汪沆继称之为瘦西湖,则是既言其形,又言其质,二者俱兼了。但"瘦西湖"一个"瘦"字,却道出了这一宛转曲折湖水秀美的形态特征,逐渐流传后,原来平平实实的"保障湖"(保障河)之名,终于淡出,"瘦西湖"却成了它的名字。

二、造园技艺臻于完善

乾隆时期,扬州园林比明代中后期与清前期有了更好的发展,造园技艺可说是臻于完美的程度。现从叠石、理水、花木和建筑等方面,详述如下:

(一)叠石造山技艺发展成熟

扬州园林,明代中期前罕见叠石,明代中后期至清代前期逐渐多见,如:于园叠石、休园叠石、乔氏东园叠石,有的还是叠石名家作品,如计成叠影园之石,白沙翠竹江村石壁、片石山房湖石山出石涛之手,万石园湖石山,初由石涛规划设计,后仿石涛画稿布

置,筑成峰壑洞曲为主的山景等等。这些叠石的存在及乾隆时期
扬州造园热潮的兴起,许多筑山匠师都纷沓而来,让明末清初从
计成、石涛开始兴起的扬派叠石技艺,在宋明就开始的苏派叠石
技艺的影响下,逐步成熟起来。苏派叠石其地域包含江南三吴大
地之湖州、杭州、上海、苏州等等,而以苏州为中心。其域盛产黄
石、湖石,其园林叠石技艺,到了乾嘉之时,戈裕良已将苏派叠石
技艺推到一个新的高度,存留至今的苏州环秀山庄的湖石假山,
是其代表作品,已成为湖石叠石的经典。在苏派的影响下,扬派
至乾隆之世获得了一个良好的发展时期。此时,除苏派名家戈裕
良在扬州留下的作品外,董道士、仇好石、王庭余、周国泰等等都
成了扬派的代表人物,他们的辛劳与苏派名家的参与和影响,扬
派的园林叠石艺术很快发展成熟,他们一起为乾隆时期的园林筑
就了许多著名的山景。所以《扬州画舫录》卷二称:"扬州以名园
胜,名园以垒石胜。"现举数园,叙述如下:

1. 卷石洞天叠石

卷石洞天,园中有三处假山。一为黄石假山,在薜萝水榭后。
《扬州画舫录》卷六载:"榭西循山路曲折入竹柏中,嵌黄石壁,高
十余丈。"石壁是山势十分陡峭的假山。书中又说:"……入薜萝
水榭。后壁万石嵌合,离奇夭矫,如乳如鼻,如腭如脐。石骨不见,
尽衣萝薜。"对这座黄石假山的位置、气势、形态作了具体描述。
《平山堂图志》卷二说:"薜萝水榭,后临石壁。缘石壁以西一带,
小亭、高阁悉依山为势,藤花修竹,披拂萦绕。"则从这一黄石山与
景观的关系进行描述,肯定了它在该园构筑布景中的作用。

一为修竹丛桂之堂堂后石壁。《平山堂图志》载:"……修
竹丛桂之堂,堂前为石台,堂后则自东至西皆石壁也。石壁尽处

为楼,楼右为曲室数重。其前为土山,种梅。其西临水为屋,额曰'丁溪',水分流如丁字也。"此处石壁,在修竹丛桂之堂后,自东向西绵延。它们的叠筑,增加了园内空间层次、景深。

另一座为湖石山,在北岸至河中汀屿之间水上。《扬州画舫录》中说,卷石洞天"即古郧园地。郧园以怪石老木为胜,今归洪氏。以旧制临水太湖石山,搜岩剔穴为九狮形,置之水中,上点桥亭,题之曰卷石洞天。"即说,此座水中湖石山,是以原来郧氏旧园临水之太湖石山为基础,经过重新搜岩剔穴一番创作,置之水中。又说湖上"桥之佳者,以九狮山石桥"等为最,"低亚作梗,通水不通舟"。同时,跨水部分,即桥体仍用湖石,下为桩础,上作低亚栏梗。

可见这一水上湖石叠石,其下为桥,其上则为九狮山,形制奇特新异。《扬州画舫录》十八卷中对假山描述最有激情、最为赞赏者,就是这座湖石九狮山,李斗说:"狮子九峰,中空外奇,玲珑磊块,手指攒撮,铁线疏剔,蜂房相比,蚁穴涌起,冻云合遝,波浪激冲,下本浅土,势若悬浮,横竖反侧,非人思议所及。"将这座湖石九狮山叠筑的总体特色和予人的视觉观感、在正看侧看之后湖石山体呈现的具体形态和气势,一层层地描述出来,并赞之为"非人思议所及"。

同时,这座假山还有"树木森戟,既老且瘦"的掩映,且有岛上"夕阳红半楼飞檐峻宇,斜出石隙"的衬托,更具奇伟、峭拔,不能不让李斗发出"郊外假山,是为第一"的赞叹。

李斗另有九狮山手书条幅,条幅中除有上述描写内容外,还有"矫龙奔象,擎猿伏虎,堕者将压,翘者欲飞,有窍有鼱,有筋有棱","如老松皮,如恶虫蚀","附藤无根,红叶艳若"等语,可见这座九狮山气势之磅礴,形态之优美。

这座湖石九狮山,为董道士所筑。《扬州画舫录》卷二称:"淮安董道士垒九狮山,亦藉藉人口。"董道士是将扬派叠石发展推向成熟的代表人物。其湖石九狮山"中空外奇"、"堕者将压,翘者欲飞"等等,正是扬派叠石中空外奇、大挑大飘等技艺特色的印证。

2. 九峰园石景

九峰园原名南园,地在城南砚池,大门临河。园内石景分为两类,即石壁与峰石。

园内石壁有三:一为深柳读书堂前黄石石壁。《扬州画舫录》上说:"堂前黄石叠成峭壁,杂以古木阴翳,遂使冷光翠色,高插天际。盖堂为是园之始,故作此壁,欲暂为南湖韬光耳。"可见在园内第一座建筑前筑此石壁,目的为了障景。二为海桐书屋前黄石石壁。《扬州画舫录》中说:"(澄空宇)厅右小室三楹,室前黄石壁立,上多海桐,颜曰海桐书屋。屋右开便门,门外乃园之第二层门也。"叠石目的仍为障景。同时,也为了增加此处园景的幽深。三为澄空宇,"窗外,点宣石山数十丈"。"数十丈",言山之绵延。此处选择宣石叠山,亦有借宣石之白色色彩,与澄空宇建筑之玻璃厅洁净光泽互为映衬,增添此景空灵明净的效果。

园内峰石有九。《平山堂图志》卷二载:"园故多佳石,辛巳岁(乾隆二十六年),又得太湖石九于江南,大者逾丈,小亦及寻,如仰,如俯,如拱,如揖,如鳌背,如驼峰,如舞蛟,如蟠螭。最大者曰'玉玲珑',相传以为海岳庵中旧物。按,米芾石刻一帖云:'上皇山樵人以异石告,遂视,八十一穴,大如碗,小容指,制在淮山一品之上。百夫运致宝晋、桐杉之间。'今以所得之地考之,疑即此石也。"李斗《扬州画舫录》卷七说：此九峰，"玲珑嵌空，窍穴千百。众夫辇至。……以二峰置海桐书屋，二峰置澄空宇，一峰置一片南湖，三峰置玉玲珑馆，一峰置雨花庵屋角。"分置于园内馆室前后，乾隆二十七年，皇帝临幸南园，赐名九峰园，并赐诗二首。诗句中关乎湖石九峰者，为："平临一水入澄照，错置九峰出古情。""评奇都入襄阳拜，举数还符洛社英。"并自注云："园有九奇石，因以名峰，非山峰也。"

　　自昔筑园，讲究叠石置石，多为构景之需要，同时亦因"石令人古"之故。"襄阳拜"，是用宋人米芾拜石故事。"洛社英"，用宋代文彦博留守西都洛阳，曾集年老士大夫十一人聚会，吟诗作乐，时称之为洛阳耆英会。（见司马光《洛阳耆英会序》）一说为十三人，人各为一诗。（沈括《梦溪笔谈》）乾隆诗中取其大约之数。乾隆三十五年，钱陈群《御题九峰园记》中记此九峰石："主人各以其状目之，列者如屏，纵者如盖，夭矫如盘螭，怒张如鲸鬣，皱透玲珑者曰'抱月'，曰'镂云'，离其窟如顾兔，傲其曹如立鹤，其闲散独处者曰'紫芝'，相传为米海岳庵中物也。"这是分别写九峰之形态。

　　此九峰湖石，《画舫录》中还有一些具体描述。如置于一片南湖一峰："临池亭旁，由山径入，一石当路，长二丈有奇，广得其半，巧怪巉岩，藤萝蔓衍，烟霭云涛，吞吐变化，此石为九峰之一。"澄空宇前二峰，"石工张南山尝谓澄空宇二峰为真太湖石。太湖石乃太湖中石骨，浪激波涤，年久孔穴自生。……若此二峰，不假矣"。关于玉玲珑石，《画舫录》说："桥头三峻（聚于一石上之三小峰）人立，其洞穴大可蛇行，小者仅容蚁聚，名曰'玉玲珑'，又名'一品石'。"《图志》云，相传为海岳庵中旧物。赵云崧诗云：'九峰园中一品石，八十一窍透寒碧。'盖谓此也。"乾隆四十九年，管松厓、秦西岩等宴于是园，管有"雨师若为淮山石，洗出芙蓉九点青"，一时传为名句。

由于是园园景的美好，尤其是峰石之嶙峋奇特，园建成后，自第三次即二十七年乾隆临幸后，第四次（三十年）、五次（四十五年）、六次（四十九年），每次南巡，皆去游赏，赏之不足，还带走两峰最好的湖石，辇入禁中，慢慢品赏。《画舫录》说："奉旨选二石入御苑，今止存七石。高东井文照《九峰园》诗云：'名园九个丈人尊，两叟苍颜独受恩。也似山王通籍去，竹林惟有五君存。'"诗称湖石立峰为石丈人，通籍，简言之即入朝做官。诗用竹林七贤中山涛、王戎入朝做官故事，寓意丰富。

总的看来，此园之三座石壁、九峰奇石分置园中，其一在于丰富构景层次，增加景深，使一座临水之园，通过叠山、置峰而变成一座山水之园。其二，每一峰石所置位置不同，作用、目的亦异，如置于一片南湖一峰，在山径前，是为屏峰；而玉玲珑一峰，立于桥头，应为引峰。其三，每一座峰石，都是大自然鬼斧神工雕琢而成的可以久久观赏的艺术雕塑。此园不以三石壁显，而以九峰石贵，意亦在此。

3. 秦氏意园小盘谷

在扬州旧城，南门堂子巷，乾隆间秦黉、秦恩复父子家园。《芜城怀旧录》说：

> 秦黉，字序堂，江都人，乾隆十七年进士，授编修，转御史，擢湖南岳常澧道。嗣以母病，请养归里。高宗南巡召见，问扬州新旧城有何区别？对以新城盐商居住，旧城读书人

居住之所。因赐（其居）额曰"旧城读书处"。

其子恩复，字近光，号敦夫，乾隆五十二年进士，授编修。嗣丁内艰服阕，因病闭户养疴。家有园林，复筑小盘谷，方庭数武，浚水筑岩，极曲折幽邃之致，又筑室三楹，曰"五筒仙馆"，海内名公，无不知有小盘谷也。

其后裔秦荣甲，在《意园小盘谷图跋》中说："乾隆之末，先曾祖敦夫府君，就居室之旁，构小园曰'意园'。于园中累石为山，曰'小盘谷'，出名工戈裕良之手。"

依此，陈从周先生《扬州小盘谷》中说："（扬州）旧城南门堂子巷的'秦氏意园小盘谷'，系黄石堆叠的假山小品。乾隆末期所筑，出于名匠师常州戈裕良之手，今不存。"

据研究资料所示，戈裕良生于乾隆二十九年甲申（1764）十月十一日，卒于道光十年庚寅（1830）三月十九日，享年六十七岁。他年少时，就帮人造园、叠山，人称为"花园子"。其姻亲洪亮吉也说："同里戈裕良世居东郭，以种树累石为业，近为余营西圃，泉石饶有奇趣。"在其赠戈扇页上的诗中，有"奇石胸中百万堆，时时出手见心裁"，"一峰山水离奇甚，此是仙人劫外山"，"三百年来两轶群，山灵都复畏施斤。张南垣与戈东郭，移尽天空片片云"。将他与清初张南垣并称，来赞誉他的成就。戈裕良的叠石作品，大都在嘉庆、道光时期，如仪征之朴园、如皋之文园、虎丘的一榭园、常州洪亮吉西圃、苏州的环秀山庄、江宁的五松园，均为嘉庆三年到二十年之间的作品，最晚的常熟燕谷为其道光五、六年间所筑；而扬州意园小盘谷，筑于乾隆末年，则应为戈裕良最早的叠石作品，或为其一。

陈从周1978年于《苏州环秀山庄》一文中,论清代假山有"扬州意园略作平山堂麓……意园点石置峰,平远舒卷"之语,如是,则应是戈裕良师法自然的手笔。

4. 净香园石景

（1）青琅玕馆石峰

青琅玕馆是净香园内的三个景区之一。

《平山堂图志》载:"……穿竹径至青琅玕馆,篍篍千竿,大小石峰矗立交翠,亭午温风不烁。"这是竹丛中矗立的大大小小绿笋石立峰。扬州许多园中皆喜置绿笋石于疏竹中,峰石的坚挺苍古,与竹的劲节苍润,苍翠相映,动静相衬,自多画意和理趣。

（2）翠玲珑阁黄石山

《平山堂图志》载:"（翠玲珑阁）右折而北,有小池,畜文鱼,过此则入船屋。又出小曲廊,叠石引泉,面南有小亭,曲水流觞绕阶下。亭后右出为半阁,阁下为堂,堂前广庭列莳梅花、玉兰,假山皆作大斧劈皴。"

（3）净香园宣石山

净香园宣石山有二处:一在怡性堂前,《扬州画舫录》卷十二曰:"绿杨湾门内建厅事,悬御扁'怡性堂'三字……（堂）上开天窗盈尺,令天光云影相摩荡,兼以日月之光射之,晶耀绝伦。更点宣石如车箱侧立。"一在蓬壶影,"是地亦名西斋,本唐氏西庄之基,后归土人种菊,谓之唐村。村乃保障（湖）旧埂,俗曰唐家湖,江氏买唐村,掘地得宣石数万,石盖古西村假山之埋没土中者。江氏因堆成小山,构室于上,额曰'水佩风裳'。……是石为石工仇好石所作。好石年二十有一,因点是石,得瘵瘵而死"。净香园宣石山,怡性堂侧一座,两边壁立,

净香园（录自《江南园林胜景》）

中有深谷；蓬壶影一座，其上构室，具有一定体量。

《画舫录》卷二中说："若近今仇好石垒怡性堂宣石山，淮安董道士垒九狮山，亦藉藉人口。"可见仇好石虽然年轻，而叠石造山的技艺水平、声望，已与董道士并驾齐驱。

5. 倚虹园叠石

倚虹园桂花书屋之西叠有黄石山，山上有土穴植牡丹，山间岩隙中还有泉涌出。而最奇异者，为涵碧楼后宣石房。

《扬州画舫录》卷十云："涵碧楼前怪石突兀。古松盘曲如盖，穿石而过，有崖峻嶒秀拔，近若咫尺。……楼后，灌阴郁莽，浓翠扑衣。其旁有小屋，屋中叠石于梁栋上，作钟乳垂状。其下嶙岣崒嵂，千叠万复，七八折趋至屋前深沼中。屋中置石几榻，盛夏坐之忘暑，严寒塞堭，几上加貂鼠彩绒，又可以围炉斗饮，真诡制也。"净香园宣石山，一叠于堂之侧，一作屋于山上，今此为屋中叠石，如山腹洞穴。两园一在北，一在南，山之形态各异，亦显示园主人斗奇争胜心态。

6. 洛春堂叠石

洛春堂在平山堂真赏楼后，乾隆初汪应庚筑。《平山堂图志》卷一载："应庚《平山揽胜志》：堂前后叠石为山，种牡丹数十本。花时宴赏，裙屐咸集。"

汪应庚《平山揽胜志》卷七说："堂面南，凡三楹，敞其襟背，前后荣叠奇石为山，数峰环抱，有黄井西（按：黄公望号井西老人）笔意。种洛花几十窠，红树交哆，掩映石罅。……吾宗涤厓图黄山胜景于（堂）壁间。"可见堂之内外，图与假山互为映发。其自作《洛春堂记》中亦有"堂之前后檐庑，豁然开朗。而叠石于庭中，为秀峰层嶂。其上栽牡丹十数丛，露葩风叶，烂熳芳菲，于春暮花时，载酒为宜"。

《扬州画舫录》中称："洛春堂在真赏楼后，多石壁，上植绣球，下栽牡丹。洛春之名，盖以欧公《花品叙》有'洛阳牡丹天下第一'之语，因有今名。"

乾隆五十一年，有位山阴的俞蛟，在扬州待了半年。在他眼中，扬州园林之美，以及其叠石之胜，令人惊叹。他在《平山堂记》中写道："丙午（乾隆五十一年）秋，余有事维扬，主盐政董兰坡六阅月。时携小童出天宁门，一望花木扶苏，亭台掩映，两岸叠石为山，有峰有峦，有冈有岭，崒屼嶙峋，千态万状。而其间之崇楼邃阁，曲沼横塘，竹径莎堤，花香鸟语，足以供士女之嬉游凭眺者，历四时而皆宜。余每入其中，于神怡心旷之余，而叹人巧夺天工，至此极耶！"

7. 石壁流淙，水石胜景

石壁流淙为水石兼胜之园，乾隆三十七年，皇上临幸，赐名"水竹居"。园在白塔晴云之北，临河西向，长约里许。

《平山堂图志》卷二,简述其园之景,今摘其有关水石部分:
"亭左由回廊而西,廊前巨石临水,刻'石壁流淙'四字。廊右为
清妍室,室前种牡丹,后临石壁,水由山后挂石壁落地,俨同巨练,
循除潺潺,冬夏不竭。室右有小桥,卧老树为之。度桥,行石壁下,
迤北为观音洞……洞前为船屋,屋右倚石壁为长廊,至阆风堂。
堂前为石台,临水四面回廊,石槛环绕。堂后数峰特起,为石壁最
高处,堂右由长廊而北,为丛碧山房,廊以东为竹间小阁。循山房
北行藤花下百余步,水中有小山,桃花最盛,山上为草亭,看东岸
藤花最宜,藤花尽处,复缘山麓行,山上有亭,曰霞外。山止处有
大楼临水,曰碧云。楼右为静照轩……最后为水竹居……居前,
水中石隙有瀑突泉,泉分九穗,高出檐表,散落池中如雪。"

《扬州画舫录》卷十四,对是园水石,亦有生动之描述:

　　　石壁流淙,以水石胜也。是园辇巧石,磊奇峰,潴泉水,
飞出巅崖峻壁,而成碧淀红涔,此石壁流淙之胜也。先是土
山蜿蜒,由半山亭曲径逶迤至此,忽森然突怒而出,平如刀
削,峭如剑利,襞积缝纫。淙嵌洮岨,如新篁出箨,匹练悬空,
挂岸盘溪,披苔裂石,激射柔滑,令湖水全活,故名曰淙。淙
者众水攒冲,鸣湍叠濑,喷若雷风,四面丛流也。

　　　……(清妍室)室右环以流水,跨木为渡,名天然桥。……
天然桥西,汀草初丰,渚花乱作,大石屏立,疑无行路……幽
赏不倦。移时晃晃昱昱,自乱石出,长廊靓深……由廊得一
石洞,深黑不见人,持烛而入,中有白衣观音像,游者至此,迥
非世间烟霞矣。

　　　伏流既洄,万石乃出。崖洞盘郁,散作叠巘;尖削(者)

为峰，平夷（者）为岭，悬石（者）为岩，有穴（者）为岫；小者
类兔，大者如虎，立者如人。松生石隙，凉飚徐来，文苔小草，
嵌合石隙，梓桧之属，拳曲安命。其下小屋数椽，露台一弓，
厅事五楹，颜曰"闻风堂"。

石壁中古藤数本，植木为架……藤花既尽，土阜复起，阜
上筑霞外亭。

从《图志》和《画舫录》的描述看，石壁为黄石叠筑，临河西
向，峰回岭接，岩岫重叠，曲折绵延，起伏高下，长约里许，上有泉
瀑，下有洞穴，堂榭亭廊、竹树古藤，列置布满其前后上下，此景尤
以水石为胜。特别是园内水法，在当时江南园林中最为时新。而
是园泉瀑之胜，缘于园主人徐赞侯族人。《画舫录》中说：徐履安，
"有诡气，善弄水。……作水法，以锡为筒一百四十有二伏地下，
上置木桶高三尺，以罗罩之，水由锡筒中行至口。口七孔，孔中细
丝盘转千余层。其户轴织具，桔槔辘轳，关捩弩牙诸法，由机而生，
使水出高与檐齐，如趵突泉。"

从上述诸园的情况看，乾隆间扬州园林叠石，已明显呈现出
以下一些特色：

叠石在园林构筑中，已成为主要景观，如卷石洞天、石壁流
淙、九峰园、洛春堂等。有的还成为园中的特色景观，如净香园之
宣石山、倚虹园涵碧楼后之宣石房。叠石在园景构筑中，有的用
于分割空间，有的用于隐蔽园景，更多的是与花木池泉、亭堂建筑
因地制宜组合成景。

叠石石材丰富，除了大量使用太湖石、黄石外，更有宣石、笋
石等等。大批返程的盐船随岸采办，致使有的园中，分别以湖石、

黄石造山,有的园中甚至湖石山、黄石山、宣石山等俱全。与同时期的苏、杭等地的园林相比,由于盐船经历口岸地域宽广,石材品种显得十分丰富。石材品种多样,也带来了因石材质地、纹理、色泽等不同,而容易造就山体的多姿多彩。苍灰的湖石,赭黄的黄石,洁白晶莹的宣石,绿斑点点绿笋石,与乾隆间扬州园林建筑的富丽风格也协调一致。

在叠石山体的形态上,石山、土石山、小品、立峰等俱全。城中最大的土石山为康山,本为明代浚河积土,乾隆间增以叠石。湖上最大的土石山为梅岭春深。有的一园中,土山尽了,石山又起,石壁尽处,土阜复现(如石壁流淙)。就石山而言,讲究陡峻、峭拔的石壁的叠筑,和山腹洞穴的宛转,以及泉瀑的设置(如石壁流淙黄石石壁)。有的师法自然,如秦氏意园小盘谷;有的追求山水画的意境,如洛春堂黄石叠石,摹拟黄公望山水;呈现出叠石形态创造的丰富性。

在叠石技艺上,标志着扬派叠石技艺的主要特征——中空外奇和大挑大飘("堕者将压,翘者欲飞")已经形成,山体嶙峋,峰高崖险,沉静之山有灵动之态,峻峭石壁多绵延之姿。前者如卷石洞天湖石九狮山,后者为石壁流淙黄石石壁。宣石能叠出中有谷道如车厢之两边峭壁(如怡性堂后叠石),更能叠出形如幽洞、顶垂钟乳的屋中假山(倚虹园宣石房)。正因为叠石技艺的无比精湛,卷石洞天湖石九狮山,石壁流淙黄石山,倚虹园、净香园的宣石叠制作品,就成了当时扬州园林叠石的代表性山体。江氏东园的水景,特别是石壁流淙的水法制作,都是当年全国私家园林未有的独创性的奇异的水石景观。

总之,扬州"名园以垒石胜",叠石不仅石材多样而丰富,园林普遍呈现形态峻拔、优美的山峰，还善于将叠石与理水、花木、建筑因地制宜有机结合，点染成景，而又想象奇特，景观奇异，能在平野之上、河湖岸边，筑造丰富山景。同时在计成、石涛扬派叠石开创奠基之后，借助于四方名师巧匠叠山作品的成功范例和交流，涌现出董道士、仇好石等一批扬派叠石成熟期的代表性人物。使盐商雄厚的物质财富，通过匠师们高超的智慧和技艺，创造出"宛自天开"的园景。

（二）理水的成就及其技艺的新发展

1. 从理水的功绩看保障河的演变

保障河，或称炮山河、保障湖，康熙间已有瘦西湖之称。从其保障河之名，可知它是昔日保障城市的河。古代城池，"城"即城垣、城墙、城市；"池"即城河、城濠，亦即护城河。结合扬州城址的变迁看，保障河最北端起于蜀冈东、中峰间的水口九曲池、平山堂坞。一路南下，至"平流涌瀑"东流，本为唐代扬州罗城西城护城河的北段；由梅岭春深（小金山）折而南流至"西园曲水"，原为宋城西段护城河；由"西园曲水"转东过北水关、小秦淮河口，东延至大宁寺南御马头，应是明清扬州旧城北城护城河。唐宋以后，扬州城日益缩小，保障河逐步成为蜀冈上诸水汇聚流入运河的水道。两岸众多沟汊，芦苇生了，杂树长了，野花开了，有了田舍人家。北宋至明末，北至蜀冈，南至红桥，虽然平山堂、法海寺为游人所瞩目，但保障河边仍罕见园林。

浚河理水之事，乾隆之前，见之于记录的，一在法海寺附近。寺创于元代至元年间，寺基高突环于水中，形如莲花，形家谓之陆地莲花。寺后（北）有土埂，蜿蜒而来，穿水接于寺址，若莲之有茎，因名莲花堤（或称莲花埂）。明代，寺东法海桥旧为石桥，年久渐圮。嘉靖四年（1525）扬州卫指挥火晟致仕重造，重造桥时，曾于桥址一带"浚下而益深"。这是一次范围极小的局部的浚深。二寺北之莲花堤上桥的建与拆，曾经历一番周折。《平山揽胜志》卷三载："明季杨珰督辖两淮，筑保扬城，废堤为桥，（同时）障寺之西河，筑堡于寺址。堤断脉伤，而寺之殿宇日渐圮废。顺治壬辰（九年，即1652）春，郡人赵子柳江与弟岷江读书山寺，毅然请诸当事开四河之障，毁桥成堤，独力修复莲花古迹，培寺脉而增崇之。"这是明后期至清初，莲花堤上开堤筑桥和复堤毁桥的旧事，实涉保障河中段理水大局，最后还是旧的思想占了上风。三为康熙末程梦星于湖上筑筱园后，湖上有一次范围较广的疏浚，《扬州画舫录》卷十五载："是时红桥至保障湖，绿杨两岸，芙蕖十里。久之湖泥淤淀，荷田渐变而种芹。迨雍正壬子（十年）浚市河，翰林倡众捐金，益浚保障湖，以为市河之蓄泄，又种桃插柳于两堤之上……更增藕塘莲界。于是，昔之大小画舫至法海寺而止者，今则可以抵是园而止矣。"这是乾隆前保障湖上较大的一次理水疏浚工作，美化了两堤，画舫可行至筱园，比先前只能驶抵法海寺，又向西、向北延伸了一段水路。但《画舫录》中说得可能有点"过"，即"大"的画舫，还是很难绕行于法海寺之南小河的。

雍正十年（1732），郡守尹会一疏浚保障河，当为乾隆年间的疏浚打下了基础。结合法海寺的修桥、复堤等作为，甚至包括乾隆十年（1745）、二十年，当政的两淮巡盐御史们对保障河的相继疏理，虽都对画舫行驶与两岸的风光有所增饰，但都没有真正全面打通湖上通道。舟行至平山堂，必须绕法海寺南小河，而后西北行驶，且大型画舫不能通行。只有到了乾隆二十二年，巡盐御史高恒（妹为乾隆的慧贤皇妃高佳氏）开莲性寺北莲花埂新河，拓宽浚深了河道,以通东西;筑莲花桥,横跨南北,形成水陆立交模式。才开通了从城北御马头而虹桥,过小金山至平山堂下大型画舫的直通水道,又解决了湖上中心地带南北岸陆行的阻隔。而且,莲花桥非楼非阁,似楼似阁,五亭聚于一桥的优美,及其独特的造型,也兼顾了游赏需要,成了瞻眺的中心。这在保障湖的理水史上和建筑史上,都是件很有意义的大事。此前湖上疏浚理水的努力,以及这次开埂、浚河、筑桥等方面理水的政绩,为湖上园林的兴起,创造了极为有利的地理环境。《扬州画舫录》说,这次开埂浚河之后,湖上两岸迅速建起了一系列园林,至乾隆三十年,北郊湖上已有二十四景。

至此,唐宋至明清的一条曲折的废城濠,已经演变为园林前后相属、隔水相望、楼台不断、湖光柳色映照的集锦式园林群落,向人们展示着秀美和清静,安宁和富丽。诗人陈章《重浚保障湖》曰:"一条新展碧玻璃,萍叶初生荇始齐。箫鼓画船都未放,最先拍拍是凫鹥。"

2. 理水技艺的创新,名园景观显示特色

乾隆年间,扬州园林的理水,城中诸园大多凿曲池方沼,邀云映月。或建亭其中,或架桥其上,以花木掩映,造就幽冶之景。而城中之园,占地不广,园中曲池选址,小池多在亭下、廊侧,占地不多而有水景;大池多在堂前,池后叠山,形成隔水对山模式,以池之空阔,增广园之空间。诸多郊外之园,有的负坡临河,有的一面滨湖,或两面临水,或四面碧水环绕。此类水边园林,除了因置景之需,引湖水入园为小池,浚湖覆土为山,建桥筑榭、叠石置亭丰富水景层次等等之外,还在利用自然泉水和创造人工泉瀑两个方面不惜投入财力和显示机巧。

在利用自然泉水方面,蜀冈上的平山堂西园、湖上的锦泉花屿和净香园等,都有成效。

‖平山堂西园‖　蜀冈多美泉,唐代宪宗元和九年(814)状元张又新在其《煎茶水记》中说,刑部侍郎刘伯刍称,天下之水较之与茶宜者,以扬子江中冷泉为第一,无锡惠山泉为第二,……以扬州大明寺水为第五。陆羽以扬州大明寺水为第十二。《桂苑丛谈》还记载一个有趣的大明寺壁间隐语的故事。说唐懿宗咸通年间(861—874),太保令狐绹出镇淮南时,与属吏游大明寺,于西廊见壁上题字为"一人堂堂,二曜重光。泉深尺一,点去冰傍。二人相连,不欠一边。三梁四柱,点点同然。除去双勾,两日不全"。诸宾幕相顾,皆莫能解。独支使(唐代节度使的属官)班蒙曰:"一人,非'大'乎? 二曜者,日月,非'明'字乎? 尺一者,寸土,非'寺'乎? 点去冰傍,'水'字;二人相连,'天'字;不欠一边,'下'字;三梁四柱,点点同然,'无'(繁体为'無')字;两日除去双勾,'比'字也。得非'大明寺水,天下无比'? 众皆恍然。题壁者谁? 询之老僧,曰'年顷有客独游,题之而去,不言姓氏'。"

到了宋代,张邦基《墨庄漫录》中说,东坡知扬州时,与晁补之等于大明寺汲塔院西廊井与下院蜀井二水比较,以塔院水为胜。这件事,说明大明寺在宋代有两处井泉。后来,年长岁久,二井之址皆已迷失。

至明朝代宗景泰年间(1450—1456),僧沧溟掘地得井,遂以第五泉目之。

到了清代乾隆元年,汪应庚在重修了大明寺平山堂之后,一日凭眺冈峦,感慨于山体蟠结,气韵不流,认为宜有池水沧涟,润云霞而宕风月,才足以宣畅襟怀。于是次年于堂西购地数十亩,鸠工开浚,由冬至春,忽有泉从地涌出,汲而饮之,其味甘美,不减中泠、惠山。其泉井围十五尺,深二十丈。郡志载第五泉在大明寺西南,正与其处相合,亦即《墨庄漫录》所谓塔院西廊处。于是,乃即旧井,以石加固,井周砌台,上建井亭,四面临池,其北架桥通于池之北岸。更立碑于池之东,上建亭屋,与井相对,表之曰"天下第五泉",金坛王澍所书。《平山堂图志》说,池广数十亩,四面皆冈阜。池泉是西园内主景,凿广池,得古泉,这是乾隆二年蜀冈上的一次理水工程。工程结束后,郡守高士钥在《第五泉铭并序》中说,是处,"烟波弥漫,竹树环匝,自堂西望,缥缈如瀛洲蓬岛;自井东望,则又如华严楼阁,涌现空际,讵非伟观耶!"

应该说明的是,唐人说大明寺水天下第五,并未具体说明泉在何处,宋时有二井泉,亦未明指谁是第五泉,或者其时已无定说。待汪应庚凿池得井后,认为是塔院西廊井,就是第五泉。但同时期的程梦星《平山堂小志》说,明僧沧溟所掘井为第五泉,而以汪掘得之井为下院蜀井。孰是孰非,《画舫录》对此颇有建言:"至是蜀冈始有二泉。盖蜀冈本以泉胜,随地得之,皆甘香清冽。故天下高山易无水,蜀冈乃为贵耳。是地覆井亭中之泉,不必据为古之塔院真迹;而梅花厅旁石中之泉,不必据为沧溟所得。总之大明寺水自与诸水不同也。"

‖锦泉花屿‖ 园在湖水东岸,石壁流淙之北,地近蜀冈。园之西偏湖中有汀屿。屿与东岸间之水名微波峡。《平山堂图志》卷二载:"园分东西两岸,一水间之(按:即微波峡水),水中双泉浮动,波纹鳞鳞。即锦泉花屿之所由名也。"这是保障河北段水中自然的水泉。

《扬州画舫录》卷十四进一步说明双泉位置。"锦泉花屿……

渐近蜀冈,地多水石花树,有二泉,一在九曲池东南角,一在微波峡,遂题曰'锦泉花屿'。"二泉水极清冽,张氏于此筑水口,引入园中。李斗又进一步写道:"微波峡,两山夹谷,波路中通,树木青丛,拂篷牵船,狭束已至。行之若穷,山转水折,忽又无际。东岸构微波馆……画舫至,舟子辄理篙楫入峡。馆后绮霞楼……楼后复道四达,层构益高,额曰'迟月楼'。楼后峡深岚厚,美石如惊鸿游龙,怪石如山魈木客,偃蹇岿巍,匿于松杉间。……屿上构种春轩。"这是因两泉而筑水口,引入微波峡,岸边再饰以楼馆,植以松杉,岸际再置以美石、怪石,形成生动而幽深的峡谷水石之景。

‖净香园勺泉‖ 《扬州画舫录》卷十二载:江园中有勺泉,味极甘冽,泉本在保障湖心,江氏构亭,穴其上,上安辘轳,下用阑槛,园丁游人,汲饮是赖。这是保障湖中地近虹桥的一处水泉,园主因泉筑井构亭其上。而其亭又"穴其上",即上无屋顶,形成一种特别的井亭形式,点缀于保障湖边。

在人工创制泉瀑方面,最突出的是石壁流淙和江氏东园。

‖石壁流淙泉瀑‖ 石壁流淙水石之美,前文已有引述。简言之,是园地在湖水东岸,其黄石石壁自南而北曲折延绵,将诸多室、堂、山房、廊、亭、楼、轩、桥等建筑以及幽洞、花树组合成一处处连续不断的景观,而以水石的组合,特别是石上悬瀑为其最精彩的手笔,显示其构园的特色。

是园黄石之山的形态,时左时右,时高时下,时断时续,"石壁之势,驰奔云矗,诡状变化","森然突怒而出,平如刀削,峭如剑利,璧积缝纫",有了这个多了动态的山体,才致使水流"淙嵌狄岨,如新篁出箨,匹练悬空,挂岸盘溪,披苔裂石,激射柔滑",让水形成流动、冲激、飞射、分穗、洄荡、悬如匹练、散落如雪等等多种形态,发出雷鸣之声。不再停留于曲水流觞、坐雨听泉等模式,而是依沿"虽是人工,宛自天开"的原则,创制出高山悬瀑更为新颖、奇特的赏水景观。其制作,前文已有引述。而从当时江南以至全国私家园林来看,其技艺还是独特而大大领先的。

‖江氏东园水法‖　江氏(江春)东园在重宁寺东。江氏东园景色胜处,一以岭上梅花胜,一以墙上水景胜。《画舫录》说:"东园水法皆在园外过街楼","东园墙外东北角,置木柜于墙上,凿深池,驱水工,开闸注水为瀑布,入俯鉴室。太湖石鳞八九折,折处多为深潭。雪溅雷怒,破崖而下,委曲曼延,与石争道。胜者冒出石上,澎湃有声;不胜者凸凹相受,旋濩萦洄。或伏流尾下,乍隐乍见,至池口乃喷薄直泻于其中,此善学倪云林笔意者之作也。"墙外、室内组合置景,使山水之景有了元人倪瓒笔意。

综观乾隆年间,扬州园林理水,最有成效的是对保障湖的疏浚,为湖上园林的兴盛创造了优越的碧水环境,同时,由于湖上园林群落的形成,自身也成为楼台连续、竹树丰茂的海内园林名湖,成为风光旖旎、绵延十里的山水长卷。而园林理水最有特色者,则为自然泉水的利用,和人工创制的新颖的瀑布形式,这些都是明代中后期与清初顺治、康熙、雍正三朝前所未见的理水成就。

(三)园林花木栽植特色

山水园林的自然形态,除山水之外,花木亦为重要的构成要素之一。有了花木,即多自然之态。既显示季相的变化,又使山水更具幽深之景,或者以之造就一园之丽观。乾隆时期,扬州城中之园也好,北郊冈上湖上园林也好,东南郊野之园也好,皆重视花木与园林造景的关系,而且有许多园林还以花木来显示其个性特色。

以湖上园林而言，最盛的是杨柳，杨柳成了湖上最多的，且与瘦细宛转的湖水形态最为契合的植物。湖水曲曲折折，岸柳绿影绵延。隋唐时，运河沿堤植柳，城中则"街垂千步柳"。明末，影园亦以柳盛。康熙初王渔洋即有"绿杨城郭是扬州"的诗句来赞美扬州。乾隆间，湖上处处建园，植柳更多。《扬州画舫录》卷十三："扬州宜杨，在堤上者更大，冬月插之，至春即活，三四年即长二三丈。髡其枝，中空，雨余多产菌如碗。合抱成围，痴肥臃肿，不加修饰。或五步一株，十步双树，三三两两，跂立园中。"特别是湖水西岸的长堤春柳，更以柳荫浓绿而名园。再如虹桥西南的西园曲水，园中"舫咏楼西南角多柳，构廊穿树，长条短线，垂檐覆脊，春燕秋鸦，夕阳疏雨，无所不宜。中有拂柳亭，联云：'曲径通幽处（高适）；垂杨拂细波（温庭筠）。'北郊杨柳，至此曲尽其态矣"。更见杨柳在园中的构景之美。

杨柳之外，尤以荷、竹、桃、梅、桂与牡丹、芍药、菊花等为胜。其时湖上荷塘莲界相属，竹影婆娑，桃盛如霞，梅花如画。诸园因之而各显特色，以荷盛者，有荷浦薰风、香海慈云，有筱园之藕糜、锦泉花屿之清远堂等；以竹盛的有筱园、锦泉花屿之篘竹轩、净香园之青琅玕馆等；以桃盛的，有桃花坞、临水红霞及净香园后山之桃花馆；以梅盛的，有梅岭春深、白塔晴云、小香雪等；以桂胜者，如四桥烟雨之四照轩、金粟庵，如白塔晴云之桂屿；以牡丹胜者，有倚虹园之领芳轩、四桥烟雨之云锦淙、石壁流淙之清妍室、筱园花瑞之翠霞轩以及冈上之洛春堂，小虹园即卷石洞天中，有牡丹名种"一捻红"；以芍药胜者，为白塔晴云及筱园；另有以兰、以紫藤为胜之园。

以上可见，当时许多园子皆以所盛花木命名。

但每一园中皆有多种植物。具体而言,如净香园,先看青琅玕馆之竹,《画舫录》载"(清华)堂后篔筜数万,摇曳檐际。……长廊逶迤,修竹映带,由廊下门入竹径,中藏矮屋,曰'青琅玕馆'。联云:'遥岑出寸碧(韩愈);野竹上青霄(杜甫)。'是地有碑亭,御制诗云:'万玉丛中一迳分,细飘天籁迴干云。忽听墙外管弦沸,却恐无端笑此君'。"而净香园中之荷,以园中夹河上春波桥为界,"桥西为荷浦薰风,桥东为香海慈云。是地前湖后浦,湖种红荷花,植木为标以护之;浦种白荷花,筑土为堤以护之。堤上开小口,使浦水与湖水通,上立枋楔,左右四柱,中实'香海慈云'之额"。净香园,临湖多柳,园中多竹,水中多荷,但亦(浮梅)屿上有梅,(杏花春雨)堂前有杏,桃花池馆,山尽有桃,珊瑚林则为半山,彩叶桷斗树。但园中则以竹与荷为主,所以乾隆二十七年,弘历临幸后,赏荷咏竹,题诗赐联。御题诗中,有"雨前净依竹,夏前香想莲"一联最能概括,园即赐名为"净香"。

如筱园,园中景点多以花木来构景命名,只是园以竹为胜为园名而已。而城东梅庄更以梅胜。郑板桥《梅庄记》中说:

> 广陵城东二里许,有梅庄,敬斋先生之别业也。先生性嗜梅,其家所植亦夥矣。又构别墅于郊外,老梅数十亩矣,曰"梅庄",盖其嗜也。梅之古者百余年,其次七八十年,其次二三十年,虬枝铁干,蟠屈龙盘。……
>
> 其他苍松古柏、修竹万竿,为梅之挚交;檀梅放腊,为梅之先驰;辛夷涨天,绣球扑地,为梅之后劲;桃李丁杏,江篱木芳,山榴桂菊,不可胜记,皆梅之附庸小国也。

　　以上，只是乾隆间扬州园林花木的一个大概。许多园子皆以一种或数种主要花木构景，并形成特色，或以之而命名其园，而湖上园林，皆全在柳之映带、荷之流芳之中。

　　（四）湖上园林建筑稠错，形式新颖

　　乾隆年间，扬州许多湖上园林中的建筑密度，比影园、筱园要大得多。江春所筑后被赐名之净香园，园内即有银塘春晓水亭、清华堂、青琅玕馆、浮梅屿、碑亭、春雨廊、杏花春雨之堂、绿杨湾水马头（廊下开门）、春禊射圃亭、怡性堂、翠玲珑馆、蓬壶影、宣石山上之室曰"水佩风裳"、江山四望楼、天光云影楼、秋晖书屋、涵虚阁、春波桥、来薰堂、浣香楼、海云龛、舣舟亭、珊瑚林（室）、桃花馆、勺泉亭、依山亭、迎翠楼。其中，体量较大的堂、馆、楼、阁，就有十多座，一座接着一座。比如《扬州画舫录》说："……出为蓬壶影。其下即三卷厅，旁为江山四望楼。楼之尾接天光云影楼，楼后朱藤延曼，旁有秋晖书屋及涵虚阁诸胜……"可谓一楼连着一楼。如洪征治之虹桥修禊，其园占地并不太宽。《扬州画舫录》卷十述其园内建筑："门内为妙远堂，堂右为饯春堂，临水建饮虹阁，阁外方壶岛屿、湿翠浮岚。堂后开竹径，水次设小马头，逶迤入涵碧楼。楼后宣石房，旁建层屋，赐名致佳楼。直南为桂花书屋，右有水厅面西……厅后牡丹最盛，由牡丹西入领芳轩。轩后筑歌台十余楹……近水筑楼二十余楹，抱湾而转，其中筑修禊亭，外为临水大门，筑厅三楹，题曰'虹桥修禊'。旁建碑亭，供奉御制诗二首。"也是妙远堂邻近饯春堂，涵碧楼靠着致佳楼。更有抱湾而转之二十余楹的曲楼。

　　以虹桥修禊与明末城南水中的影园两座同以"城阴为骨"的园子相比，影园面积，郑元勋在《园冶·题词》中自谦说，"即予卜筑城南芦汀柳岸之间,仅广十笏",实际要比虹桥修禊大一些,而影园中建筑比较疏简,要表达的是山影、水影、柳影之胜的山水意韵,而乾隆时的扬州诸园,如虹桥修禊、净香园等等,强调的是财富、人力于建筑上的显示,于是园林中的建筑多了起来,其密度大大超过此前园林。

筑园者的富有和以邀宸赏的心理,又使诸园建筑形式争奇斗艳,新颖而多创意,现摘引《平山堂图志》《扬州画舫录》中的有关描述:

‖堂‖ 净香园怡性堂。《图志》:"历阶而上,曰'怡性堂',皇上御题额也。堂左仿泰西营造法为室五重,东面直视,若一览可尽;及身入其中,左右数十折,不能竟重室之末。"

《画舫录》:"绿杨湾门内建厅事,悬御扁'怡性堂'三字……栋宇轩豁,金铺玉锁,前厂后荫。右靠山用文楠雕密箐,上筑仙楼,陈设木榻,刻香檀为飞廉、花槛、瓦木阶砌之类。左靠山仿效西洋人制法,前设栏楯,构深屋,望之如数什百千层,一旋一折,目炫足惧,惟闻钟声,令人依声而转。盖室之中设自鸣钟,屋一折则钟一鸣,关捩与折相应。外画山河海屿、海洋道路。对面设影灯,用玻璃镜取屋内所画影,上开天窗盈尺,令天光云影相摩荡,兼以日月之光射之,晶耀绝伦。"

同书卷十七:"大屋中施小屋,小屋上架小楼,谓之仙楼。江南工匠,有做小房子绝艺。"

‖厅‖ 春台祝寿扇面厅。《扬州画舫录》卷十五:"由法海桥内河出口,筑扇面厅,前檐如唇,后檐如齿,两旁如八字,其中虚棂,如折叠聚头扇。厅内屏风窗牖,又各自成其扇面。最佳者,夜间燃灯厅上,掩映水中,如一碗扇面灯。"

‖台‖　春台祝寿熙春台。《扬州画舫录》卷十五："熙春台在新河曲处，与莲花桥相对。（台）白石为砌，围以石栏，中为露台。第一层横可跃马，纵可方轨。分中左右三阶皆堿。第二层建方阁，上下三层。下一层额曰'熙春台'，联云：'碧瓦朱甍照城郭（杜甫）；浅黄轻绿映楼台（刘禹锡）。'柱壁画云气，屏上画牡丹万朵。上一层旧额曰'小李将军画本'，王虚舟书，今额曰'五云多处'。联云：'百尺金梯倚银汉（李顺）；九天钧乐奏云韶（王淮）。'柱壁屏幛，皆画云气，飞甍反宇，五色填漆；上覆五色琉璃瓦，两翼复道阁梯，皆螺丝转。左通圆亭重屋，右通露台，一片金碧，照耀水中，如昆仑山五色云气变成五色流水，令人目迷神恍，应接不暇。"

《扬州画舫录》卷十七："湖上熙春台，为江南台制第一杰作。"

‖阁‖　四桥烟雨锦镜阁。《扬州画舫录》卷十二："锦镜阁，飞檐重屋，架夹河中。"

锦镜阁三间，跨园中夹河。三间之中一间，置床四。其左一间置床三，又以左一间之下间置床三。楼梯即在左下一间下边床侧，由床入梯上阁，右亦如之。惟中一间通水。其制仿《工程则例》暖阁做法，其妙在中一间通水也。集韩联云："可居兼可过，非铸复非镕。"

同书卷十七："湖上阁以锦镜阁为最。"

‖亭‖　梅岭春深之钓渚亭。《扬州画舫录》卷十七云："湖上多亭，皆称丽瞩。"而众多亭中，尤以钓渚亭为最。钓渚亭今称钓鱼台，内悬"吹台"匾额。此台，实际上是加了南、西、北三处月洞门的重檐方亭，在园西之长渚上。从东面眺望，正面月洞门正圆，

钓鱼台冬景（王虹军摄）

兜入横卧水上之莲花桥；南面一月洞门侧向呈长椭圆形，正好将高高的白塔框入，可称借景之典范。

‖桥‖　莲花桥。《平山堂图志》卷二："亘保障河上，巡盐御史高恒建。桥上置五亭，下列四翼。洞正侧凡十有五，月满时，每洞各衔一月，金色溦漾，卓然殊观。"此桥构想丰富，形制新颖，规模宏大，端庄秀丽，体现了当时扬州园林建筑的创造精神，至今仍为国内园林亭桥最新颖秀美者。

梅岭春深玉板桥。《扬州画舫录》卷十三："岭在水中，架木为玉板桥，上构方亭，柱栏檐瓦，皆裹以竹，故又名竹桥。湖北人善制竹，弃青用黄，谓之反黄，与剔红珐琅诸品，同其华丽。郡中善反黄者，惟三贤祠僧竹堂一人而已。是桥则用反黄法为之。"

卷石洞天九狮山湖石桥。（见叠石部分）

‖塔‖　莲性寺白塔。《扬州画舫录》卷十三："（寺）后建白塔，仿京师万岁山塔式。……建台五十三级，台上造白塔。塔身中空，供白衣大士像。其外层级而上，加青铜缨络，鎏金塔铃，最上簇鎏

白塔晴云（刘栋摄）

金顶。"据《平山堂图志》"莲性寺"条目中说,塔于乾隆"丙子等年"寺院重修时所建,"丙子"为乾隆二十一年。《图志》中说:"寺后为白塔,高耸入云。"陈从周在《瘦西湖漫谈》中说:"白塔在形式上与北海相仿佛,然比例秀匀,玉立亭亭,晴云临水,有别于北海白塔的厚重工稳。"

江南园林,唯扬州湖上有此形式之塔。

关于乾隆之时扬州园林建筑形制新颖,其意多来自怀有争奇斗妍心理的盐商,而其制作之技则多赖奇才之士。

《扬州画舫录》卷十二,叙述江春之后,说"奇才之士,座中常满,亦一时之盛也"。

江晟,字聿亭,号平西。少喜乘马,足迹遍天下。晚年

与安琴斋制车轮辀,皆仿古制,尺寸不失,用两人前后驾引,
上张帷幕枕衾,称巧构。遂因琴斋之字,西平之号,名'平安
车'。汪昌言写貌,方士庶绘图、刻石,传为盛迹。

谷丽成,苏州人,精宫室之制,凡内府装修由两淮制造
者,图样尺寸,皆出其手。

潘承烈,字蔚谷,亦精宫室装修之制,而画得董、巨天趣。

文起,字鸿举,江都人,博学,精于工程做法,所见古器极
多,称赏鉴家。

汪大黉,字斗张,号损之,歙县人,工隶书,精于制自鸣
钟,所蓄碑版极富。

《扬州画舫录》卷十二,叙述黄氏"四桥烟雨"时,曾说:"黄
氏兄弟好构名园,尝以千金购得秘书一卷,为造制宫室之法。故
每一造作,虽淹博之才,亦不能考其所从出。"

另外,前文在介绍石壁流淙水法时,曾述及徐履安的巧艺。

有了这些"奇才之士",以及大量来自四方的造园人才,他们
既有传统的造园技艺,又有当时最新最时尚的造园技艺,就让当
时扬州园林诸多方面,发展到了一个鼎盛的阶段,呈现出与前一
时期不同的新貌。

而对于这些情况,《扬州画舫录》作者李斗,这位阅历广泛、
对园林兴造有着很深研究的李斗,一方面热情地具体生动地加以
描述,以至赞颂;另一方面,他也对园林中建筑密度增大的现象,
在《画舫录》卷十七《工段营造录》中有所表述。他很明白、也很
委婉地对"湖上地少屋多"提出了异议,而对于一些过于追求形
式新奇的淫巧者,如倚虹园宣石房等,李斗则称之以"真诡制也"。

其实就在乾隆中期,湖上大建园林,诸盐商于园中建筑争奇斗妍、追求华丽之时,城中有些园林仍然保持文人山水园林的传统。如某年初夏,小玲珑山馆主人马曰璐,于休园中徜徉后赋诗,中有"扬州池馆竞繁华,扫去朱丹留淡泊"之句,赞美了休园,也宛转批评了其时一些新园"竞繁华"的富贵、浮华之气。

三、园林文化气氛浓郁

乾隆六十年间,扬州园林的文化氛围极浓,这大致表现为静态与动态的两类。

静态的呈现,其一为园名的选定,从元明时代起,扬州园林大多数已不再像唐宋之时,园多冠以姓氏,如郝氏亭林、席氏园等。元明之时,如平野轩、竹深处、影园、嘉树园,清初,如休园等,都十分重视园名的文化内涵。至乾隆时,则更多追求从园景的山水特色和诗情画意来命名。如:卷石洞天、西园曲水、长堤春柳、荷浦薰风、梅岭春深、石壁流淙、临水红霞等,有的甚至以借景之特色来名园,如四桥烟雨,将园外之四桥烟雨迷濛之景纳入园内,似有几分空灵,但却为园景之特色。白塔晴云等亦是。它们比姓氏来名园,多了文化上的蕴藉气韵。从某一方面看,亦与京师皇家园林的景名的影响有关。特别是乾隆南巡之后,这种题名正是山水园林诗情画意的凝聚和概括。

其二为园中建筑,楼堂亭榭等等题额、楹联,大多选用唐人诗句中之契合者。《扬州画舫录》录之最详。

其三,有些园中壁间、亭内嵌入或竖立碑刻,多为名人书法碑帖,或诗文。

文化氛围的动态呈现,其一为收藏书画,一般园中,皆图史森列,最突出的是小玲珑山馆,丛书楼藏书十余万卷,山馆内的藏书、抄书、校书、刻书都很有影响,有些学者在山馆内读书、研究,著成传世的书籍,而山馆影响最大的则为朝廷编纂《四库全书》进书776种。另外,山馆收藏的字画,也十分丰富,如每年端午展出的钟馗图,既多又精,多出自名家之手。

其二为文酒之会很盛,如秦园、让圃、净香园、康山草堂等等,几乎各园皆有,而以筱园、小玲珑山馆和休园为盛。另一种文酒之会,则表现为水边的修禊活动。它由康熙间王渔洋、孔尚任肇始,至乾隆年盐运使卢见曾、曾燠等更加发扬之。这在虹桥修禊、九峰园等景内已有引述。

其三为戏剧活动。《扬州画舫录》说,乾隆时“两淮盐务例蓄花、雅两部,以备大戏。雅部即昆山腔,花部为京腔、秦腔、弋阳腔、梆子腔、罗罗腔、二簧调,统谓之‘乱弹’”。江春康山草堂有德音班,复征花部为春台班。后德音班归洪箴运,春台班归罗荣泰。其时,每班演员、后场常达数十人。行头分衣、盔、杂、把四箱,衣箱中有大衣箱、布衣箱之分。有的戏衣一套价值万金。由于盐商们组建戏班的热情很高,名角演好一出戏,常有千金之赏,外地演员纷纷奔涌而来,由于技艺的交流、演出活动的频繁,出现了许多名角,有些著名文人、戏剧作家也参与进来,如蒋士铨,致使扬州成为当时的重要戏剧活动中心。

其四,花木园艺和盆景,《扬州画舫录》卷二说:“湖上园亭,皆有花园,为莳花之地。……养花人谓之花匠,莳养盆景……海桐、黄杨、虎刺,以小为最,花则月季、丛菊为最,冬于暖室烘出芍药、牡丹,以备正月园亭之用。盆以景德窑、宜兴土、高资石为上等。种树多寄生,剪丫除肄(蘖枝),根枝盘曲而有环抱之势。其下养苔如针，点以小石，谓之花树点景。又江南石工以高资盆增土叠小山数寸，多黄石、宣石、太湖、灵璧之属，有圮有岫，有罅有杠，蓄水作小瀑布倾泻危溜。其下空处有沼，畜小鱼游泳呴嚅，谓之山水点景。"扬州盆景，肇始于唐宋，经乾隆时诸园的培育与传承，和后代不断地丰富，逐步发展为中国盆景五大系派之一。

又如，六安秀才叶梅夫，在冶春诗社（园）培育诸种名菊，其技艺影响了扬州菊花栽培、欣赏二百多年，丰富了扬州的菊文化。

其五，饮食文化，扬州的饮食文化与园林关系密切。红桥一带，茶肆、酒肆很多。如红桥西岸有茶肆名冶春社，乾隆间归田氏，又增荣饰观，改建成园林，更易名为冶春诗社。虹桥西南的西园曲水，《扬州画舫录》说，"即古之西园茶肆，张氏、黄氏先后为园，继归汪氏"，成为滨河临湖的一座名园。有的园林，皆是先为茶酒之肆，后发展为园林的。

其时扬州还有一类茶肆，亦有园林的形态。《扬州画舫录》卷一载："吾乡茶肆，甲于天下，多有以此为业者。出金建造花园，或鬻故家大宅废园为之。楼台亭舍，花木竹石，杯盘匙箸，无不精美。"北门桥茶肆双虹楼、合欣园皆是。

除了花园式的茶酒之肆，多依桥傍水，而湖中水上亦多酒食之船。朱竹垞《虹桥》诗："行到虹桥转深曲，绿杨如荠酒船来。""画舫在前，酒船在后，橹篙相应，放乎中流，传餐有声，炊烟渐上，幂历柳下，飘摇花间，左之右之，且前且却，谓之行庖。"《画舫录》继续写到："烹饪之技，家庖最胜，如吴一山炒豆腐，田雁门走炸鸡，江郑堂十样猪头，汪南溪拌鲟鳇，施胖子梨丝炒肉……江文密蚨蝶饼……孔切庵螃蟹面，文思和尚豆腐，小山和尚马鞍乔，风味皆臻绝胜。"其中，吴一山即吴楷，字一山。盐商吴尊德族人，工诗文，擅小楷，好宾客，精于烹饪。扬州蜉蝣饼，即其遗制。而诸园除有家庖外，亦备有宴饮之所，如倚虹园之妙远堂，《扬州画舫录》中说，"园中待游客地也……饬庖寝以供岁时宴游，如是堂之类"。而各园常有诗文之会，"每会酒肴俱极珍美"。遇有湖上修禊活动，必有"曲水侍宴"。

有的盐商之家，"竞尚奢丽，一昏嫁丧葬，堂室饮食，衣服舆马，动辄费数十万。有某姓者，每食，庖人备席十数类。临食时夫妇并坐堂上，侍者抬席置于前，自茶面荤素等色，凡不食者摇其颐，侍者审色则更易其他类"。到了盐商鲍志道，以俭相戒，又有人互相倡率，这种侈靡之风，才有了一些变化。

乾隆时的园林宴饮，对以后扬州的饮食文化，对淮扬菜系的形成影响很大。乾隆时，寓居扬州埂子上的绍兴盐商童岳荐（字北砚）辑录的《调鼎集》，记录当时食物二千余种。是当时扬州饮食材料烹制技法的一次梳理和记录。而著名的满汉全席，则为扬州盐商迎接乾隆翠华临幸的创制。《扬州画舫录》中也有具体的记载。

另外，还有的园林主人延聘名医，梳理医案方论；有的收藏金石鼎彝，考校鉴赏；有的重建书院，延师重教；有的筑桥铺路，关心公益；有的校书刻书、观画题辞等等。园林成了当时丰富社会文化的极为重要的载体，推动了城市文化的发展，使扬州成为全国文化最发达的城市之一。

第五章　扬州园林的中衰时期

（清代嘉道年间至民国）

嘉道年间,由于票盐施行,盐商大多贫败,湖上未建新园,旧园多几经易主,渐至倾圮,更经咸丰兵火,扬州园林已摧残殆尽。"同光中兴"之时,蜀冈湖上名迹,小有修葺,城内兴建名园极少,主人已多为归里官员及文士。至民国间,所建之园趋向小型化。

本时期,长达一百五十多年,着重分嘉道、同光和民国三段叙述。

嘉庆(1796—1820)、道光(1821—1850)年间,由于盐法的改革和战事的影响,以及吏治腐败,河患不断,奸伪日滋,祸乱相继,扬州园林鼎盛的局面已渐不再。请读一读当时三个人的有关序跋和笔记。

其一,身为"三朝元老、九省疆臣"的扬州仪征籍学者阮元(1764—1849),曾为《扬州画舫录》写过的一序二跋。序写得较早,写于嘉庆二年(1797)春,序中还言及"吾乡"之"盛":"扬州府治在江淮间,土沃风淳,会达殷振,翠华六巡,恩泽稠叠。士日以文,民日以富。……此录则目睹升平也……吾乡承国家重熙累洽之恩,始能臻此盛也。"而二跋,一写于道光十四年(1834),一写于道光十九年(1839),上距乾隆六十年(1795)《扬州画舫录》成书,分别为39年和44年。前跋中说:

"扬州全盛,在乾隆四五十年间,余幼年目睹,弱冠虽闭门读书,而平山之游,岁必屡焉。方翠华南幸,楼台画舫,十里不断。(乾隆)五十一年余入京,六十年赴浙学政任,扬州尚殷阗如故。嘉庆八年过扬,与旧友为平山之会,此后渐衰,楼台倾毁,花木凋零。嘉庆廿四年过扬州,与张芰塘孝廉过渡春桥,有诗感旧。(原诗附于跋后,今移于此)'几年不到平山下,今日重来太寂寥。回忆翠华清泪落,永怀诗社故人凋。楼台荒废难留客,花木飘零不禁樵。

别有倚虹园一角，与君同过渡春桥。'近十余年，闻荒芜更甚。且扬州以盐为业，而造园旧商家多歇业贫散，书馆寒士亦多清苦，吏仆佣贩皆不能糊其口。兼以江淮水患，下河饥民由楚黔至滇城，结队乞食诉乡谊，予亦周恤资送之。李艾塘斗撰《画舫录》在乾隆六十年，备载当年景物之盛，按图而索，园馆之成黄土者七八矣；披卷而读，旧人仅有存者矣。五十年尘梦，十八卷故书（《画舫录》十八卷），今昔之感，后之人所不尽知也。书此识之。"其时阮元任云贵总督，身在昆明，此跋真如一篇哀扬州之文。扬州园林已"楼台倾毁，花木凋零"。

道光十八年，阮元以老病致仕还乡，居扬州选楼巷（今毓贤街）。次年为《画舫录》作第二跋。其文云：

"自《画舫录》成，又四十余年。书中楼台园馆，仅有存者。大约有僧守者，如小金山、桃花庵、法海寺、平山堂尚在；凡商家园丁管者多废，今止存尺五楼一家矣。……或贫无以应之，木瓦继而折坠者，丁即卖其木瓦，官商不能禁。丁知不禁也，虽不折坠亦曳拆之。所谓倚虹园者，共见尽矣。余告归田里，楼台虽废，林泉尚多。十九年夏，每乘小舟出虹桥，一望绿树满野，绿草满堤，新荷有花，蝉声不断，直至平山。舟子乞与舟名，余题'绿野'二字扁。又舆登尺五楼延山亭避暑，望平山之松泉，闻钟声。僧六舟曰：'此间颇似杭之南屏。'余曰：'是，宜曰"北屏晚钟"矣。'此地苟不拆，尚可支数十年。"这是道光十九年湖上园林衰败的景象。

其二，与阮元同时代的钱泳（1759—1844），阅历广泛，著述丰富，经常往来扬州，有时则寄寓园林之中。他在笔记《履园丛话》中说："扬州之平山堂，余于乾隆五十二年秋始到。其时九峰园、倚虹园、筱园、西园曲水、小金山、尺五楼诸处，自天宁门外起直到淮南(东)第一观,楼台掩映,朱碧鲜新,宛入赵千里仙山楼阁中。今隔三十余年,几成瓦砾场,非复旧时光景矣!有人题壁云:'楼台也似佳人老,剩粉残脂倍可怜。'余亦有句云:《画舫录》中人半死,倚虹园外柳如烟。'抚今追昔,恍如一梦。"这种盛衰变化的急速,从"仙山楼阁"到"几成瓦砾场",不能不让他有"恍如一梦"的感叹。

其三,金安清,曾为林则徐所重,当过督粮道、盐运使,游于公卿间,嘉善人,与扬州还有姻缘。他在《水窗春呓》中说:"嘉庆一朝二十五年,(扬州园林)已渐颓废。余于己卯庚辰(嘉庆二十四、二十五年)间,侍母南归,犹及见大小虹园,华丽曲折,疑游蓬岛。计全局尚存十之五六。比戊戌(道光十八年)赘姻于邗,已逾二十年,荒田茂草已多,然天宁门城外之梅花岭、东园、城闉清梵、小秦淮、虹桥、桃花庵、小金山、云山阁、尺五楼、平山堂,皆尚完好。五、六、七诸月,游人消夏,画船箫鼓,送夕阳,醉新月,歌声遏云,花气如雾,风景尚可肩随苏杭也。是时,阮文达致仕家居,已及八十,每以肩舆游山,憩邗上农桑,与同辈老宿二三人,煮茗论古。白头一老,如入画图,真为承平佳话。迨粤寇之变,遂成干戈驰突之场,而名胜皆尽矣。"金安清,可谓是半个扬州人了,他对扬州熟悉,他对乾隆间湖上园林的评述,本书前章中已有引述。上述一段中,不唯对嘉道时扬州园林的衰败景象有所描述,大意亦与阮、钱相似,还对咸丰太平天国与清军的战事对扬州园林的破坏有了记述。

从以上三人的记述里,可以明显看到从嘉庆、道光至咸丰(1851—1861),六十多年中,由于盐法改革、战火和水灾,乾隆六十年间扬州园林鼎盛面貌逐渐化为乌有。而在这三朝六十多年里,在旧园消失的过程里,有无新园出现呢?

在嘉庆、道光五十多年里,瘦西湖上,未见新园。只在道光后期,阮元曾购邗上农桑为别墅,长春桥西里许,有过一个双树庵。其时,两江总督兼署两淮盐政的麟庆(1791—1846),他的《鸿雪因缘图记》里,有篇《双树寻花》,说双树庵是个翠竹摇曳、双树高大而合抱、廊前琼花玉兰盛开的清幽小园。差不多的年月,梁章钜与阮元等人亦有记游双树庵寻花看竹,听僧小支弹琴的诗文,所述亦与麟庆所记相合。

嘉道年间,城内及北湖一带有新园出现。

嘉庆年间,城中旧园如休园、康山草堂、双桐书屋、鄂不诗馆、静修俭养之轩、容园、小玲珑山馆等,有的虽然易主,但都完好。如江园,原为黄履昊之容园,钱泳《履园丛话》中说:"扬州江畹香侍郎家有一园,在阙口门大街,回廊曲榭,花柳池台,直可与康山争胜。"嘉庆时,城内尚有少量园林出现。但园主人多为硕学名儒、诗坛泰斗,或书画名家。如东圈门街之青溪旧屋,为经学名儒刘文淇先生宅园。广储门内之樗园,为仪征书院山长、吴门王铁夫之寓庐。城南草堂,在小东门内,地近太平桥,为诗人陈章后裔、白石山人陈恩贤居所。徐凝门双桥巷之双桥一石一梅花书屋,及流芳巷之濠梁小筑,则为扬州诗坛泰斗黄春谷先后寓所。小倦游阁在东关街观巷天顺园内,为书法家包世臣寓居之楼。等等。这些硕儒名士,皆富于学而短于赀,或就是满足于一些泉石品题,因此所居,一般只小有园林之胜而已。嘉庆年间,城中新辟之园则以个园最为著名。郊县则以仪征巴氏之朴园景色最为幽深,曾闻名于大江南北。

‖ 个园 ‖　嘉庆年间,盐商造园的记载极少,只有嘉庆二十三

个园春景（王虹军摄）

年（1818）盐商总商黄至筠在东关街北侧，于寿芝园的旧址上建了座个园。园在住宅之后，月洞园门上嵌"个园"石额。《扬州览胜录》中说："园内池馆清幽，水木明瑟，并种竹万竿"，"至筠一号个园"，故以名园。园以竹石为胜，除多竹外，以笋石、湖石、黄石、宣石分峰叠山。二十三年中秋，刘凤皓作《个园记》，今尚嵌于抱山楼下廊壁间，其中说：

> 个园者，本寿芝园旧址，主人辟而新之。堂皇翼翼，曲廊邃宇，周以虚槛，敞以层楼。叠石为小山，通泉为平池。绿萝袅烟而依回，嘉树翳晴而蓊匐。阁爽深靓，各极其致。以其目营心构之所得，不出户而壶天自春，尘马皆息。于是娱情隙养，授经庭过，暇肃宾客，幽赏与共。雍雍蔼蔼，善气积而和风迎焉。

刘凤诰（1761—1830），江西萍乡人，乾隆五十四年探花，授编修，擢侍读学士。嘉庆时，任《实录》馆总纂，先后主湖北、山

个园夏景（王虹军摄）

个园秋景（王虹军摄）

个园冬景（王虹军摄）

东、江南乡试,累官吏部右侍郎。后因科场舞弊案发,遣发黑龙江。嘉庆二十三年,其官运正盛时,个园落成,写了这篇《个园记》。《记》写得比较简约,对园中山水,只记为"叠石为小山,通泉为平池",这与园中山水的实际情况相去太远。记园中建筑,亦简而又简。对园中之竹,则多写其品格,以赞誉园之主人。而刘《记》中,也有值得关注的内容,如说园"本寿芝园旧址"。关于个园前身的寿芝园,地方志乘无考,有说园中叠石为石涛作品,但无以考证。或说寿芝园为康熙间一座名园。这些都尚待继续研究。

个园的规模及园中山水花木楼堂构景,都远远超出前述诸文士之园。所以《芜城怀旧录》中称:"黄氏个园,广袤都雅,甲于广陵。"可称得上嘉庆年间扬州园林的代表作品。

今人陈从周先生著文,称园中分峰用石手法叠筑之山,为四季假山。说"这种假山似乎概括了画家所谓'春山淡冶而如笑,夏山苍翠而如滴,秋山明净而如妆,冬山惨淡而如睡'(见郭熙《林泉高致》),以及'春山宜游,夏山宜看,秋山宜登,冬山宜居'(见戴熙《习苦斋题画》)的画理,实为扬州园林中最具地方特色的一景"。他在《造园与诗画同理》一文中又说:"春山宜游,夏山宜看,秋山宜登,冬山宜居。此画家语也,叠山唯扬州个园有之。"

嘉庆年间,城南翠屏洲及城北北湖一带亦多名儒学者之园,如阮亨之尔雅山房、阮元之阮公楼、焦循之半九书塾等等,这些园林,房舍朴实,花木清幽,近村临水,亦多自然韵致。

道光年间,帝国主义列强对华虎视眈眈,侵扰不断。道光二十年(1840)鸦片战争后,中国终沦为半封建、半殖民地社会,朝廷腐败,社会动荡。道光二十二年,英舰侵入长江,驶抵瓜洲,更引起扬州不安和骚乱,因之整个道光三十年中,扬州城内只建有一些小型园林,如魏源的絜园,以及二分明月楼、小云山馆、青溪旧屋、思园、伊园等。

‖絜园与魏源‖　魏源(1794—1857),字默深,又字墨生、汉士,晚年皈依佛教,法名承贯。湖南邵阳人,道光二年举人,纳赀为内阁中书,道光二十五年(1845)始成进士。治学精博,提倡经世致用,与龚自珍齐名,曾入两江总督陶澍幕,襄办漕、盐、河诸大政,参与两淮盐政改革,提出以票盐制代替纲盐法,使两淮盐课由积年亏累,一变而为溢额。自己也因经营票盐致富。成进士后,先后任东台、兴化知县,淮北海州分司运判,高邮知州,颇有善政。道光十五年(1835)于扬州新城构有絜园,奉养老母。二十二年,中英南京条约签订,他痛感时事,辞两江总督裕谦幕,回归絜园,著《圣武记》《海国图志》等书,倡"以夷攻夷"、"以夷款夷"、"师夷长技以制夷"之说。常与龚自珍等于园中纵谈时政、诗酒唱和。园中有古微堂、秋实轩、古藤书屋等,因名其诗文集为《书古微》《诗古微》《古微堂集》等。

《江都县续志》载龚自珍于絜园趣闻一则,其文云:

> 自珍至扬州,馆园中。龚无靴,假于魏,魏足大而龚小。一日客至,剧谈大笑,龚跳踞案头舞蹈乐甚。洎送客,靴竟不知所之,后觅得于帐顶。当双靴飞去,龚不觉,客亦未见。名士风流,至今传为佳话。

道光二十七年,梁章钜来扬州,曾与魏源、黄右原、吴熙载、严保庸等游,有诗《魏默深州牧》,中曰"比年富述作,时流多惊疑"。

梁自注云："默深著书甚富,近复成《圣武记》及《海国图志》,尤为创辟。"

晚年,魏源对朝廷感到绝望,咸丰六年秋,隐于杭州僧舍。第二年去世,葬于西湖南屏方家峪。絜园遗址在今城南仓巷。

‖二分明月楼‖　在左卫街,今广陵路中段南侧。初为道光间员氏所筑。钱泳曾经来游,并题"二分明月楼"隶书额。光绪时,园归盐商贾颂平。

‖青溪旧屋‖　在东圈门大街,为经学家刘文淇故宅。《扬州览胜录》说："先生以经术名海内,深于《春秋左氏》之学。子毓崧,孙寿曾,三世并以经明行修。列《清史·儒林传》,曾孙师苍、师培,均能以经学世其家。"

道光年间,扬州城内具有规模的园林,只有阙口门大街的张园,和南河下的棣园。

‖张园‖　在阙口门流芳巷。原为乾隆初歙人黄履昊所筑之容园,后归贵州巡抚江兰,称江园。《扬州画舫录》卷十二:"江兰,字芳谷,号畹香,官巡抚……购黄氏容园以为觞咏之地。"《履园丛话》二十"江园"条中说:"扬州江畹香侍郎家有一园,在阙口门大街,回廊曲榭,花柳池台,直可与康山争胜。中有黄鹂数个生长其间,每三春时,宛转一声,莫不为之神往……未三十年,侍郎员外叔侄相继殂谢,此园遂属之他人。"即于道光初,归运判张应铨。同治续纂《扬州府志》载:"道光初年,改为运判张应铨别业,增葺一新。园有古藤一株,根可合抱。池极宽广,亦为合郡所无。"张本一介寒士,五十岁外始补通州运判,十年拥资百万。《水窗春呓》中称,其时"城内之园数十……其华丽缜密者,为张氏观察所居,……园广数十亩,中有三层楼,可瞰大江,凡赏梅、赏荷、赏桂、赏菊，皆各有专地。演剧宴客，上下数级如大内式。另有套房三十余间，回环曲折，迷不知所向。金玉锦绣，四壁皆满，禽鱼尤多"。道光二十二年，梁章钜因避海警，来扬州寄寓园中三月，他在《浪迹丛谈》中盛赞其园"水木之盛，甲于邗江"。

据蒋超伯（1821—1875）《阅李艾塘〈画舫录〉有感》诗注："江畹香中丞买黄履昊之容园，后入于张氏，人呼张园。道光中，扬州诸绅团拜，多借其地。此园为城内各园之冠。"咸丰间，园遭焚废圮。

‖棣园‖　园在南河下街北花园巷左。此处原有旧园，始建于明，入清之初，园主陈汉瞻，名为"小方壶"。乾隆间，归黄阆峰中翰，名为"驻春园"，后归洪钤庵殿撰，名为"小盘洲"。道光二十三年（1843），包松溪购而新之，更名"棣园"。园广五亩有余，建成后，包松溪在《棣园十六景图自记》中说："思有以传之，于是有图之作。先为长卷，合写全园之景，有诗有文。而客子游我园者，以为图之景合之诚为大观，而画者与题者以园之广，堂榭、亭台、池沼之稠错，花卉、鱼鸟之点缀，或未能尽离合之美，穷纤屑之工也。于是相与循陟高下，俯仰阴阳，十步换景，四时异候，更析为分景之图十有六。"

《十六景图》有两本，一为画僧几谷所绘，一为王素所绘。有"絜兰称寿"、"沁春汇景"、"玲珑拜石"、"曲沼观鱼"、"洛卉依廊"、"梅馆讨春"、"芍田迎夏"、"翠馆听禽"、"沧浪意钓"、"鹤轩饲雏"、"方壶娱景"、"汇书夕校"、"桂堂延月"、"眠琴品诗"、"竹趣携锄"、"平台眺雪"。梁章钜于图册之首题"棣园全图"。从图中自题诗文中，可见园中有絜兰堂、育鹤轩、芍田、曲沼、小方壶、沁春楼、小玲珑馆等，可谓堂榭、亭台、池沼稠错，花承木嶰、山石映带,是一座颇有韵致的山水园林。

道光三十年十二月(1851 年 1 月),爆发了太平天国起义,咸丰三年(1853)、六年、八年,太平军三进扬州;六年,扬州大旱,飞蝗成灾,运河水竭,交通阻滞,盐业衰萎,园林荒废。咸丰年间,扬州城里无一新园。城外虽有新筑,亦为昙花一现。如举人李肇堉、肇增兄弟,曾于咸丰初在城西夹河处,购地数亩筑为慈园,以奉母游娱其中。未久,园毁于咸丰三年兵燹。

同治(1862—1874)、光绪(1875—1908)年间,扬州园林经历嘉道数十年的衰败与咸丰劫火之后,此时渐有了一些恢复和起色。《扬州览胜录》卷一中说:"同光以来,海内承平,两淮鹾业渐盛,郡之士大夫乐宴游而厌烦嚣者,群以兴复名胜为急务。时值定远方公浚颐转运两淮,以振兴文物为己任,慨然捐修平山堂、谷林堂、洛春堂、平远楼诸名迹;并于长春桥东岸建三贤祠,祀欧阳文忠、苏文忠、王文简三公,而又以冶春诗社附设祠中,时与四方名流饮酒赋诗,往来湖上。于是小金山、功德山、莲花桥、法海寺诸名迹,亦次第兴修。"而他次第兴修的,还有天宁寺、重宁寺、白塔等等。

方浚颐(1815—1889),字子箴,号梦园,安徽定远人,道光二十四年进士,同治八年(1869)任两淮盐运使,后累官四川按察使。解组后在扬州主讲安定书院。在他任两淮盐运使期间,还重修了运司衙门内的题襟馆(何绍基重新为之题额)。他是一位深爱扬州河山,并着力兴修了许多名胜园林的官吏,且是明清间历任官员中最致力于此的人。他自己还在新城的湾子街,筑了一座梦园。《扬州览胜录》说:"都转提倡风雅,为卢(见曾)、曾(燠)以后一人,官两淮十年,尤多善政,性嗜吟咏,以故园中文酒之会,盛极一时。园壁嵌石刻黄山谷书法,石凡十七方,都转生平所藏宋元以来法书名画极多,著有《梦园书画录》一书……海内赏鉴家奉为依据。并著有《梦园丛说》,为世所称。"

同光年间,扬州私家兴建园林仍较多集中于城内,城外者较少。身为官吏或致仕归里者所筑之园,有户部主事陈象衡筑于湾子街西夹剪桥之小圃;吉安知府何廉舫筑于东圈门街之壶园;广东廉州知府张丙炎筑于地官第之冰瓯仙馆;淮扬兵备道于昌遂筑于蜀冈上司徒庙西北之养志园;湖北汉黄德道何芷舸筑于徐凝门内之寄啸山庄;四川学政夏路(鹭)门筑于左卫街之裕园,后为湖北荆宜道蔡露卿花园,名为退园;湖广总督、闽浙总督卞宝第筑于左卫街之小松隐阁;刘桂年太史购东关街北疏理道安麓村安氏园,易名为约园;安徽巡抚陈彝筑于东关街羊巷之金粟山房;礼部尚书祁隽藻东圈门之祁氏山林;刑部官员丁绍宪,于探花巷有听春楼;甘泉县令震钧建于彩衣街弥陀巷、邻近罗聘故居朱草诗林之朱草诗邻;大令徐芝岫筑于大东门正谊巷之倦巢;翰林院庶吉士臧谷筑于府东街之桥西花墅;两淮盐运使程仪洛筑于天宁寺西之省耕旧舍;两江总督周馥购徐氏大树巷内之小盘谷等等。

同光年间,由于扬州盐业有所复苏,盐商构园者有康山街之卢氏意园、魏氏逸圃,缺口街之魏氏朴园、毛氏园,永胜街之魏园,丁家湾大武城巷之贾氏庭园,湖南盐商购棣园为湖南会馆,广东盐商于仓巷筑会馆曰岭南小筑等等,另有富商于东关街筑冬荣园,谢氏于马监巷构劝业堂,画家许幼樵于运司公廨巷筑瓢隐园。其时,不少文人,生活还不富裕,如书家吴让之、画家王小梅(王素),皆寄寓观音庵,与住持海云为伴。画家陈若木曾居北矢巷程肆笙家,晚年贫病更甚。

　　从上述情况看,同光年间,扬州园林在逐渐衰败又经劫火之后,随着社会的相对安定和盐业的好转,还是呈现出一派"中兴"的样子。但是,此时园林,无论是官员的别业,还是盐商的山林,一是因为多在城内,二是因为财力皆不及乾隆时之盐商雄厚。因此,园林的规模多不如前,多是小有园林之胜。如金粟山房,园主人陈彝之子陈重庆诗中云:"小园半亩锁深幽。"如庚园,《扬州览胜录》云:"庚园在南河下江西会馆对门,赣省醝商筑以觞客者。园基不大,而点缀极精。花木亭台,各擅其胜,颇有庾信小园遗意。"如倦巢、瓢隐园、桥西花墅等皆是。

　　而朴园、约园则以园内碑刻为胜。

　　同光年间,具有规模的园林只有寄啸山庄。

　　‖寄啸山庄‖　山庄在徐凝门街西,光绪九年(1883)湖北汉黄德道何芷舠致仕归扬,购进片石山房,扩入园内,取陶渊明"倚南窗以寄傲"、"登东皋以舒啸"之意,名为寄啸山庄,俗称何园。

　　园由园居院落、后花园和片石山房组合而成。

　　园居院落居中偏南,自西向东由赏月楼、玉绣楼、东二楼、东三楼、骑马楼五楼构成。赏月楼最西,南向,楼前小院中叠湖石山,山有腹洞,有磴道盘折达于楼上西廊。山北植女贞,山上栽岩桂、银薇。

何园北门(王虹军摄)

何园壁山（王虹军摄）

楼上南北栏杆为空花铸铁纹饰,纹内盘"延年益寿"字样,楼内东
壁上辟一圈门,通达东边玉绣楼楼上廊道。小院东墙辟月洞门通
玉绣楼楼下走廊。玉绣楼南北上下各六间,共二十四间,东西皆
有楼廊相连,华丽轩敞,用石精细,砖皆水磨,窗护百叶。围楼中
之长方形院落中,东北、西南两隅各植广玉兰一,中植绣球一。玉
绣楼东隔巷为骑马楼,上下各六间,下层中间有道路连通南北,东
边上下三间,又与其北之东三、东二两楼以天井相隔,又以楼道连
接为一片。

　　后花园有东西两部分。东园内南为牡丹厅,厅宽廊,歇山顶,
东山墙上嵌砖雕"凤戏牡丹"图案,厅前牡丹盛时,上下真假相
映。厅东北、东西有曲池壁山,随墙宛转盘曲,高下起伏约六十
米,下临深池,中有磴道、山洞,上点二亭。牡丹厅北,壁山之西,
有花厅一,宽廊歇山,下有平台,廊下短栏,谓之船厅。厅前以竖
瓦卵石镶铺地面,状若涟漪。让人顿悟隐入厅东壁山下深穴之
水,仿佛于此泛起,托起"船厅",行于山水之间,此与园主人回
归林下、啸傲于山水的筑园初衷十分契合。此亦为造园艺术之

旱园水做之法。

船厅之后，壁山尽，复廊起。厅西北隅有角楼，称读书楼。楼东有湖石小山倚壁作磴道，通于楼上。楼南沿墙有复道廊，为园中复道回廊起处。廊全长一千五百多米，环接绕行于全园诸楼之间。船厅之西，廊壁间嵌苏轼撰书《海市并序》，沿墙南行数步，至东西园间隔花墙、空窗之前，见墙后西园内高山苍岩、楼台隐约、林深花茂，皆若浮于水际，一派苏诗内登州海上蕊宫贝阙景象，即为东园内之"船"驶航之所向。

西园西部为桂花厅，厅东植桂数株。西南，叠湖石大山，高九米，有磴道盘曲可上。山半植白皮松二。山之东，山岩东延至玉绣楼后廊边，下叠水门。西园之南，即玉绣楼围墙，上下复廊，依墙而筑。壁间有什锦空窗上下排列，形如梅花、海棠等样式，皆水磨青砖边框，精美异常。壁间还嵌有书法碑刻，更增廊道古雅书卷气韵。西园北侧有蝴蝶厅长楼南向而立，中间三间前出，两翼各两间后收，形如蝴蝶。楼东再接廊道、梯道、耳楼四间，十一间前后错落，檐角参差，高敞宏丽。园东又有复道回廊，与此长楼连接。

何园复道回廊（王虹军摄）

西园中部为一大曲池。池中东偏水中,有水心亭,四方单檐,立于长方台基之上。亭西平台上有白石平桥三折达于南岸廊下,亭北有石桥,础桩、桥身、桥栏皆以湖石叠筑,通于北岸。

园之南部,西为堂三楹,两侧次间各两楹,是一座七间楠木大厅。东侧则为片石山房,内之湖石山传为康熙中石涛所叠。

陈从周教授曾经著文,说:"此园以开畅雄健见长,水石用来衬托建筑物,使山色水光与崇楼杰阁、复道修廊相映成趣,虚实互见。又以宅堂为主,以复道廊与假山贯串分隔,上下脉络自存,形成立体交通、多层次欣赏的园林。它的风景面则环水展开,花墙构成深深不尽的景色,楼台花木,隐现其间。"其"逶迤衡直,闿爽深密,曲具中国园林的特征,为这时期的代表作品"。(《园韵·扬州何园》)从山庄初建时就将片石山房并入园内的情况看,其园史可上溯到康熙中期。

而其时之小园,则以小盘谷为代表。

‖小盘谷‖ 小盘谷在新城城南大树巷内。"盘谷"之名,出于唐人韩愈《送李愿归盘谷序》。乾隆末,旧城堂子巷先有秦氏意园小盘谷,其中叠石为戈裕良手笔。咸丰时,园遭损坏,山亦损塌,秦氏后裔一直世守家业,同光至民国间,有一定修复,但未易主。此新城大树巷内小盘谷,园门石额,"从笔意看来,似出陈鸿寿(字曼生,杭州人,西泠八家印人之一,生于乾隆三十三年,殁于道光二年)之手"(陈从周《扬州小盘谷》)。《南画大成》(十五)载:嘉庆七年(1802),浙江陈鸿寿曾客邗上,作《古柯兰石图》。小盘谷可能筑于此时。从园名题额"小盘谷"看,此时园内应有叠石山景,有峰有壑,磴道盘曲,有盘谷之势,才与园名相合。据周馥后人回忆,园内湖石叠山,老辈称为九狮图山。陈从周教授说,其如叠卷石洞天石景九狮山董道士的手笔,或受九狮山影响而叠成。董道士是扬派叠石成熟时期的代表人物,小盘谷园内湖石山,或为董氏手笔,或为受其影响的王庭余等的作品。从叠石手法、技艺言之,此山扬派叠石飘挑手法明显,又证明它不是戈的作品,而应为扬派叠石匠师之作。

同治十一年(1872),蒋超伯曾葺小盘谷。蒋超伯字叔起,江都人。道光二十五年进士,累官至按察使。同治十一年,自岭南归,运使方浚颐重建平山堂落成,蒋超伯应方浚颐之请,作《重建平山堂记》。同年葺小盘谷。蒋超伯诗文著作甚丰。诗中有《春初独坐小盘谷集苏》八首,后有《盘谷薜苏》七种八卷等,皆在小盘谷内著成。后园又易主。至光绪七、八年间,归两淮盐运使徐文达。光绪三十年,两江总督周馥,购自徐姓,葺为家园。

周馥(1837—1921)字玉山,安徽建德人,历官署理直隶总督、北洋大臣,两江、两广总督。有《玉山诗集》。

园在宅东。园门西向,月洞门上嵌"小盘谷"石额。园分为东西两部分,中以聚于一墙之复廊、花窗、假山分隔。北端墙头倚山建一单檐六角亭,可眺两边景色。南偏廊间辟有桃形门洞,又让东西两园相通。园之精华,多在西园。园内苍峰耸翠,径盘水曲,与楼、堂、桥、阁、亭、廊、竹树,共纳于方寸之地,皆在一泓曲水两岸展开,又组合得宜,疏密相间,错落有致,多有盘谷之势。

西园南端,有湖石假山,高下耸峙。山北,朝东有曲尺形花厅。转入厅后,方见一深池自厅后逶迤北去,沿着厅后游廊,至一水阁,阁之南、东、北三面皆临水。花厅水阁隔水与池东石山、走廊、花墙、竹树相对。池上有曲桥通于东岸,桥尽即入山洞,洞内空间宽广,穴窦通光,内置石几、石桌,可以茗棋。洞右西向临水,有洞门,可沿阶下至池边。池边近岩壁处水中有步石数块,循此可凌波而至另一洞门。洞内有磴道可上至洞外半山。东有一亭,可赏两园景色,西有湖石假山,临池直上,峰险壁峭,峦起岩悬,高九米余,名为九狮图山。与乾隆间董道士于卷石洞天所叠九狮山,峰峦、洞曲、崖道、壁岩、步石、谷口等处理手法相类。或疑为董于嘉庆间所叠,或为后人摹拟其手法而成。

主峰北延山岩临池水口石上,镌有"水流云在"四字,出于杜甫五言律诗《江亭》:"水流心不竞,云在意俱迟。"点明此处山水意境,即心意应如流水白云淡然物外。

陈从周《扬州小盘谷》中说:"此园假山为扬州诸园中的上选作品,山石与建筑物皆集中处理,对比明显,用地紧凑。以建筑与山石、山石与粉墙、山石与水池、前院与后园、幽深与开朗、高峻与低平等对比手法,形成一时难分的幻景。花墙间隔得非常灵活,山峦、石壁、步石、谷口等的叠置,正是危峰耸翠、苍岩临流、水石交融、浑然一片,妙在'以少胜多'的艺术手法。虽然园内没有崇楼与复道廊,但是幽曲多姿,浅画成图。廊屋皆不髹饰,以木材的本色出之。叠山的技术尤佳,足与苏州环秀山庄抗衡,显然出于名匠师之手。"

宣统三年之中,城内外皆无新筑之园。

民国时期(1912—1949)

民国三十多年中,扬州修园之事,多在民国二十六年(1937)抗日战争之前。

‖公园‖ 民初,扬州城内始筑公园。宣统末年,众商开始集资,民国之初,择小东门北,就废城基筑园。园门在大儒坊,面对小秦淮,门前筑有板桥。园内中部构大厅三楹,额曰"满春堂",

为游人品茗之所。厅前植紫藤四五,构木为架,花时绿荫如画,落英满阶。厅西为"迎曦阁",阁前有湖石立峰一,系从九峰园遗址辇来,为昔之九峰之一。厅南圆门内有桂花厅,设茶座。桂花厅南为大餐厅、茶社,厅西为影戏场,后有小楼一,为公园股东办事处。大厅之北,筑草堂三间,额曰"伫月峰",为扬城冶春后社诗人品茗文酒之处。草堂后为草亭,为马隽卿、钱讱庵、李和甫出资兴筑,额曰"眠琴小榭"。草堂前有荷花池一,四周湖石叠岸,池中荷多名种。草堂东为教门茶社,荷池西为紫来轩茶社。

‖ 萃园 ‖　在旧城七、八巷间,今文昌中路萃园桥西,始筑时园门面南。《览胜录》云:"园基为潮音庵故址,清宣统末年,丹徒包黎先筑大同歌楼于此。未几,毁于火。民国七、八年间,醝商酿资改建是园。四周竹树纷披,饶有城市山林之致。园之中部仿北郊五亭桥式,筑有草亭五座,为宴游之所,当时裙屐琴樽,几无虚日。十年间,日本高洲太助主两淮稽核所事,借寓园中,由此园门常关,游踪罕至。自高洲回国后,园渐荒废矣。"这是众盐商集资所建之园。

其时,城内之园还有平园、楼西草堂、怡庐、匏庐、汪氏小苑、逸圃、华氏园、蔚圃、胡氏园、息园、樊园、劝业堂、憩园、杨氏小筑、八咏园等等。

‖ 平园 ‖　在花园巷西,与棣园后门相对。园为民初盐商周静成所筑。园在住宅西侧。园门东向,月洞门上额"平园"石刻。内有大院,南部东偏植广玉兰两株,苍翠如盖。北部,花墙内为一小院,朝南偏西段的花墙上,嵌数面宽大绿釉瓷板雕花漏窗,偏东花墙上辟月洞门,门上石额南边嵌"惕息"二字,北边嵌"小苑风和"四字。门内小院之北,有花厅五楹。院南月洞门两边,各有湖石小山点缀,东植凌霄、黄杨,西植桂花、梧桐,一派幽静。

‖楼西草堂‖ 在文昌楼(阁)西,为冶春后社诗人萧畏之居所。《芜城怀旧录》卷一载:"小筑数椽,闲莳花树。庭有西府海棠一株,高出檐,花时烂如锦。"《扬州览胜录》称萧畏之善艺菊,云"萧斋之菊,霉插为多,以其花迟耐久,可开至来年春二月也。畏之尝有句云:'二月犹开秋后菊,六时不断雨前茶。'盖纪实也"。

‖息园‖ 在西营小七巷,萃园西侧,民国十六年冶春后社诗人胡显伯筑。园中建楼五楹,曰"眺雪"。楼下辟精舍数间,署曰"箫声馆"。园内杂植花树,并擅竹石之胜,而四周高柳尤多。入夏,三两黄鹂,好音不绝。

‖匏庐‖ 在甘泉路中段南侧,为民初实业家卢殿虎(1880—1936)家园。园有东、南二处。东园月洞门上,额陈含光篆书"匏庐"两字,园内地形曲折,亦能随势得宜,点缀山石、鱼池、半亭、曲廊和花木,结构紧凑而幽静宜人。

南园在住宅之南,园中建筑有花厅四间,面南。西南有半亭,有廊与厅相连。半亭下凿鱼池。园之东南,叠湖石小山。花厅之北小天井,设花坛,亦点山石。园中青藤、老桂、黄杨苍茂。园为民国间叠石造园名家余继之手笔。方寸小园,廊尽走边,堂(花厅)尽靠后,西筑半亭,亭下凿池,东叠小山,点缀草木。有以少胜多之妙,清简宜人之境。余氏手筑之稽家湾之怡庐、皮市街风箱巷之蔚圃,及其西百米处杨氏小筑,虽大小不一,点染变化,格局大体亦多类此。

‖汪氏小苑‖ 在琼花园之西地官第街14号。园门南向,为民国间汪氏所筑,是一座四角建有园景的大型盐商住宅。

宅分东、中、西三路,中有火巷,各有三进。宅第四角分置四个小园。东南角小园在春晖堂前。春晖堂精致清雅,堂内明间北置一嵌大理石山水屏,大理石山水图六面,纹脉天然,隐现如画。分别如古木修柯、洞水清流、云海翻腾、双龙戏潭、层岩嵌空、奇草异木。且与屏上邓石如所书白居易《草堂记》中描写庐山风光一段文字,顺序对应,洵为难得。堂前地面作卵石花街,铺砌如意祥瑞图案。西侧墙下筑湖石花坛,植紫藤蜡梅。东侧湖石花坛中一株百年琼花,枝叶纷披,春日白花满树,香溢一院,秋日枝头朱实离离,红艳可爱。

西南角小园在秋婷轩南,月洞门上石额题为"可栖徉"。园内西侧小屋如舫,舫边一百年女贞树,长势旺盛,一树青碧。东侧叠有湖石壁山,山畔一株枸杞缘山而上。南边墙下,湖石花坛中有木香翻过南边高高围墙,千枝万条,纷披而下。园中地面也铺出多种吉祥图案。

北部二园,以花墙、月洞门遮隐通连,增加层次、景深,月洞洞门上,东边额为"迎曦",西边额为"小苑春深"。西北小园之中,南有湖石花坛,坛上筱竹如林。其西,梧桐浓荫如盖。而书斋之前一株古老石榴,自东向西横斜生长,老干屈曲苍劲,势若游龙。东北小园,面积最为广阔,有湖石小山、芭蕉、岩桂、紫薇等等。最为人注目者,为三株老树。东墙花坛中,南为一株古柏,苍虬斜逸,其北一株核桃树,高大茂盛,每年皆有果实悬于枝头。二树寿近百年,人谓之"百(柏)年好合(核)"。而园之正中花坛上,一株石榴老干虬枝,五月红花满树,秋日硕果满枝,人称之"子孙满堂",以为吉祥。

小苑之内,建筑用工精细,门窗罩槅精美,木石雕刻精致,亦多为人称道。

‖劝业堂‖ 园在东关街马监巷,为民国初香粉业谢馥春主人谢济川所筑。《芜城怀旧录》载:堂前小山叠石,花木清妍,而牡丹最盛。花时,与二三文士,为文酒之会,日徜徉于其中,以自娱焉。

‖逸圃‖ 在东关街中段北侧,为民国间金融界人士李鹤生购旧园改筑而成。大门南向,门厅之后有火巷北去,西为住宅五进,东有湖石小山贴围墙起伏向北,山尽处,山上有亭,亭下有池,池中有鱼,景色渐佳。亭池之北,筑花厅三间,与第五进屋齐,其间夹巷北端,辟一小门,额曰"问径"。入门,有小院。曲折向北,西筑楼阁,其东点缀山石、紫藤。转折向西,亦有楼阁,且叠湖石为山,竹木蓊郁。其园之筑,善于利用房舍隙地,因地制宜点缀山石亭廊花木,不拘陈法。本来造园有法无式,随宜布置,即可娱目养心。

‖八咏园‖ 在阙口大流芳巷内,民国十七年司法界官员刘豫瑶购旧园重葺而成。园在宅西,园中有四面厅,建于小磨石子平台上,南向,后近园北花墙。园之叠石亦有四季之景。春山在厅后,花墙前花坛上之疏竹间,植有笋石,若笋之破土;其前,有牡丹数本,以此象征春日山林。夏山为湖石堆叠,上建小亭,磴道纡盘,石梁凌空,山下有小池,池内有峰石,池上有石桥,以象夏景,筑于园之南隅。秋山在园之东部长廊之前,以黄石、木樨为景。冬山置于园西,以一角宣石与蜡梅构景。此园有参照个园的立意,而有自己面貌。其一,唯夏山起峰;其二,春、秋二山之景,观者可以互见,即于春景处可见秋景,于秋景处可见春景;其三,冬山用石极少,写意而已。

园后,还有两小院,右为"藤花榭",左为"补园",皆额于八角门上。藤花榭门边联曰:"读书养性;花鸟怡情。"院内有寿藤一。补园门边联为:"虚心师竹;傲雪友梅。"门墙左侧,嵌一"此君吟啸处"条石,喻以梅竹自洁。

此园小中见大,地不宽而景繁,选择色彩不同石材,与相应花木组合,出四季之象,别有意趣。园后更有小园而多层次和余韵。

‖憩园‖ 园在新马路(今淮海路)42号。为国民党高级将领,国民党第三、四、五届中央执委,中央政治会议候补委员王柏龄府邸。建于民国二十五年前后。

其宅有东、中、西三路。园在西路洋楼之南。楼之西沿墙有湖石假山,其南有亭与曲廊相接。楼之东有廊南去,并与园南之北墙下长廊相连。楼前东西各植一瓜子黄杨(树龄至今已一百四十多年),园中还有大雪松一、大广玉兰二、龙爪槐一,绿荫满园。

城北湖上一些景点,同光间方浚颐兴修之后,数十年来已多坏损,至民国,大明寺(法净寺)、平远楼、五亭桥、小金山、熊园、史公祠等,多有邑人王柏龄等社会名流发起募修,有了新貌。同时,湖上南段、中段还先后在旧园基础上,修建了几座园子,一改嘉道以来的百年沉寂。

‖可园‖ 园旧为西园曲水。《扬州览胜录》称:"道咸后园圮,民国初年,邑人金德斋购其故址,复筑是园。今为邑人丁敬诚所有,署曰'可园'。"按《览胜录》所记,园门在虹桥东岸桥爪下,小有景致。园之中心,面南筑草堂四间,护以高柳矮松,松下花圃植芍药、牡丹之属。园之西有荷池一,夹岸多柳,柳下间以木芙蓉,水木明瑟,逸趣横生。丁氏于水曲处,新构小亭一座,额曰"柳荫路曲"，以复拂柳亭旧观。

‖徐园‖《扬州览胜录》中说：徐园在虹桥西堤以北，其地为清初韩园桃花坞故址，民国四年建，内祀故上将徐宝山。园门面南，门首石额草书"徐园"二字，为江都吉孝廉亮工手笔。园门内有大荷池一，池之四周叠以太湖石，并环植桃柳。池东有小石板桥一，桥下水与湖水通。面南为飨堂三楹，前围以石栏，石栏左右列大铁镬二，夏植荷花于内，实为绝大盆景奇观。飨堂西，面东有客厅三楹，宜于小坐。循客厅而西，由小门入，有精室三楹，所谓冶春后社者是也。社前长松参天，怪石当路，对面回廊突起，廊壁嵌有《冶春后社碑记》。循廊而西，小门外矮屋三间，为游客栖息处。屋外老树扶疏，雅有林峦景致，古梅十余本，春时著花，暗香四溢，桃李之属相间成林。面南船厅三楹，厅前紫藤数株，植木为架，春时着花累累，宛如璎珞，木笔玉兰，点缀左右。藤花下叠太湖石数座，厅后花圃牡丹颇盛，而尤以芍药为大观，并有金带围名种。船厅东偏，修竹千竿环列左右，丛松中以松木建小亭一。船厅西有长廊一道，极曲折之致，廊尽处为园之后门，后门对面有小屋一区，额曰"大河前横"，盖用《诗品》句也。后门东亦为花圃，对岸则为小金山之湖心寺。

王振世于同书中又说："民国四年，湖上建徐园，扬州冶春后社诗人请于园主，建冶春后社于园内，精室三间，极为幽敞，题曰'冶春后社'，江都吉孝廉亮工书。……按冶春后社起于清光绪季年，主持风雅者为江都臧太史宜孙谷，号雪溪。……自冶春后社建于徐园，邗上诸诗人遂以此为文酒聚会之所。民国十年，康南海先生来游湖上，小住此间。"

其时，具体经办建徐园者，为杨丙炎。杨为宝应杨家田人。

陈重庆诗题中说："此君与徐怀礼(徐宝山字怀礼)最相契合,园内一亭一榭、一草一木,皆其所经营布置,稍暇即栖息园中,又捐资购地,复当年长堤春柳之盛。"

徐宝山死后,其妾孙阆仙将引市街徐宅改建为祇陀精舍(一名祇陀林),为诵经之所,法号朗潜。修筑瓜洲河堤30里,修整湖上长堤春柳。

‖长堤春柳(复建)‖《扬州览胜录》载:"(长堤春柳)清嘉道以后,渐渐荒废,至咸同间,堤柳不复存矣。民国四年,邑人建湖上徐园,补筑长堤春柳一段,以复旧观。仍起始于虹桥西岸桥爪下,至徐园止,长约一里,宽约一丈。沿堤遍种杨柳,间以桃花。堤之中心建小亭一,额曰'长堤春柳',仪征陈观察重庆书。……每岁二三月间,堤上之宝马香车与湖中之大小画舫,来往于桃花杨柳荫中,如入天然图画,真湖山佳处也。惜于民国十年,湖水大涨,桃花淹没殆尽。……近年于虹桥东岸建筑熊园,沿堤亦遍种杨柳,淡青浓绿,掩映于两堤波光荡漾之间,游人到此,唱'杨柳岸晓风残月'之句,亦颇饶清兴也。"

‖叶林‖　叶林在虹桥西岸长堤春柳西侧冈阜上,为国民党中央执行委员叶秀峰为其尊人教育家叶贻谷先生所造之林,地广数十亩,植花树万株,其中尤多各类珍异松柏。

‖凫庄‖　庄在五亭桥东南侧,莲性寺北水中。占地亩余,东西略长于南北,若野鸭浮于水,故名。其地本为乾隆初建成的贺氏东园水中嘉莲亭旧址,后渐荒废。《扬州览胜录》说,它是"邑人陈氏别墅,建于民国十年间"。冶春后社诗人萧畏之有《陈臣朔营凫庄将落成》四首,其自注中有"其地为贺氏东园","乱后渔人张有仁就贺氏嘉莲亭遗址,插柳四围,中为菜圃,今为陈臣朔

雪后凫庄（殷国栋摄）

所有"等。诗中有"高柳扶疏绕水滨，十年作计亦艰辛。清阴留与吾曹赏，多谢桥南张有仁"。可见，陈臣朔建庄时，这水中汀屿四周，张有仁自民初植柳已有十年，环庄水滨已有"高柳扶疏"的景象了。

不久诗人去世，未见其成。王振世见其筑成之状云："门近莲性寺，庄前建小活桥，朱栏曲折，长数丈，游人非由此桥不能入庄。临湖面南构敞厅三楹，厅前上种杨柳，下栽芙蓉，夏季纳凉，足称胜境。厅后怪石兀立，尤擅花木之胜。庄北临湖处，构水阁数间，春夏之交，并可临流把钓。庄西北隅建有小阁，可以登临。阁侧塑观音大士像，独立水滨，盖仿南海普陀山观音跳遗意。今观音像已为莲性寺僧移供寺内。庄初建时，常有文酒之会，今已风流稍歇矣。"

‖ 熊园 ‖《扬州览胜录》载：熊园在虹桥东岸瘦西湖上，与对岸之长堤春柳亭相对。其地为清乾隆时江氏净香园故址。邑人王柏龄于民国二十年间募资兴筑,以祀革命先烈熊君成基。园基约占地三十亩,四周随地势高下围以短垣,并湖中浮梅屿旧址亦收入范围以内。园中面南筑餐堂五楹,以旧城废皇宫大殿材料改造,飞甍反宇,五色填漆,一片金碧,照耀湖山,颇似小李将军画本。每当夕阳西下,殿角铃声与画船箫鼓辄相应答。

‖五亭桥(重建)‖　建于乾隆二十二年(1757),至咸丰三年、六年、八年,太平军三进扬州城,城郊蜀冈及湖上法海寺、莲花桥等处,俱为其与清军攻守战场,桥上五亭悉遭兵焚。同治八年(1869),方浚颐自粤移扬,为两淮盐运使,数年不断修复蜀冈名迹、湖上园林。其时,里人徐兆英(1826—1910？)在其诗中自注说:"近日扬州修葺园林,并重建莲性寺塔及五亭桥。"

民国不久,桥上五亭逐渐荒颓。1921年,日本作家芥川龙之介(1892—1927),在《中国游记》中还记其完好与"奢华",盛称看到它,"让我感到幸福的首先是扬州,……其他地方皆无法相比"。1928年秋天,作家郁达夫在《扬州旧梦寄语堂》中,亦称赞桥上五亭的古典之美。1929年,朱自清在《扬州的夏日》中,还描述了桥上五亭,并说此桥"最宜远看,或看影子,也好。"但在同年稍晚时日,桥上五亭或因风雨,已有了变化。张慧剑(1904—1970)在《湖山味》中,则有了如下一段记叙:"五亭桥横卧在水面,逼近凫庄,桥上只剩了三个亭子,远看很有风趣。"桥上五亭的颓败,还在1931年11月27日舒新城的《漫游日记》里得到印证。他说:"凫庄近处有一桥,上有小亭,据云是五亭桥,扬州名桥,但亭将倾圮,我们只在船上略为瞻仰,不敢冒险登临。"1934年3月出版的易君左《闲话扬州》(写作时间应早于出版年月)中说:"靠着凫庄便是五亭桥。这是天下闻名的一座桥！几年前因为地方官舍不得四十块钱的修理费，竟至把巍巍的五个亭子哗喇喇的一齐倒了！这是中国名胜的一大损失，其重要不减于雷峰塔的倾颓。现在变成无亭桥了！……听说现在有人打算重修吧！"洪为法先生在《申报》上刊发的《扬州续梦》中说："这莲花桥，即俗称五亭桥，因为上建五亭的缘故。不过民国二十二年（1933）以前，年久失修，桥上五亭，陆续倒塌，至于一亭都无，一时游人遂戏称无亭桥。至二十二年，邑人王柏龄来倡修此桥……"

其时，王柏龄发起组织委员会，募资鸠工重建五亭。扬州绅商名流，踊跃响应，中南银行总经理胡筠（字笔江）出资二千元，盐商汪咏沂（字鲁门）、贾沆（字颂平）及洪兰友、叶秀峰、王柏龄等，皆解义囊，风景整理委员会也拨款四百四十七元八角二分，共筹集九千七百四十六元五角七分，由建设局长李楷主持工程，镇江何元记营造厂中标承建，半年之后，到民国二十二年竣工。王柏龄在《五亭桥记》中说："阅时六月，顿复旧观，岂止湖山生

五亭桥（王虹军摄）

色,今而后,民众建设以此为嚆矢(按:意即"开端"),后生美感由斯而作育则。"

但其言"顿复旧观",应是大体言之,具体而言,桥上五亭已有了变化。

乾隆间,桥上五亭,中央一亭重檐,南北各二亭单檐,皆为圆形攒尖式顶,中间无短廊相连。《扬州画舫录》及《南巡盛典名胜图录》皆据实景描绘,都是如此。以此,当时民间抑或士人口中则以"四盘一暖锅"称之。这次重建之五亭,有了修改。即五亭重、单檐不变,形制改为方亭、四角攒尖式,增加了二十个飞檐翼角,角上系以铜铃,同时亭间接以短廊。方亭形制与桥的四翼平面更和谐契合,因而,五亭桥更增画意。所以,重建后,陈含光《五亭桥铭》中,有"风铃夕韵"、"翚飞势迥"等赞语。其形其制,近百年来,虽经多次修葺,大体沿此不变。

十年之后,民国壬午三十一年(1942),再次维修。《扬州览胜录》中说:"县长潘公宏器,重加修葺,复立石碑于桥上。金碧丹青,备极华丽,五亭四角,系以金铃,风来泠然有声,清响可听。"

中华人民共和国成立后,此桥于1954年、1984年、1990年、2007年,亦经多次修葺,可见斯桥于湖上之重要,亦见地方爱惜之情。

‖冶春花社‖《览胜录》云:"冶春花社在(下街)香影廊西,为邑人余继之种花之所,园内署'冶春'二字,江都王孝廉景琦题。园中四时花木,色色俱备,尤以盆景为多。秋菊春梅,手自培植。游人泛舟湖上者,多来园购花而归。内有小假山一,玲珑有致,为主人所手叠。近筑草堂数间,附设茶肆,四方游人多集于此。民国二十五年夏,高邮宣君古愚,仪征陈君含光、张君甘亭均为绘冶春图以张之。"

‖餐英别墅‖《览胜录》云："餐英别墅在冶春花社西,为主人余继之宅。绕屋种树,结构甚精,小有亭林之胜。绿窗深处,修篁蔽天,尘氛不入,夏季招凉尤宜。主人工绘事,胸有丘壑,善点缀园景,叠假山尤有奇致。世家大族创造园林,多延主人布置,颇有名于时。"

余继之,世居城北傍花村,村人多艺菊,清代余吉士广文鸣谦与弟鸣禄,隐于村中。继之即为鸣禄曾孙,旧宅仍在村中。村中还有余家花院,为继之种菊处。余继之为民国间造园叠石名家,常与叠石名工王再云(1903—1981,排行老七,俗呼为王老七)合作,匏庐、怡庐、蔚圃、杨氏小筑、史公祠后梅花岭等,皆为其手笔。20世纪50年代去世。

民国年间的扬州园林,如八咏园、可园、凫庄及余继之所设计的大部分园子,皆有庾信小园的情韵。憩园的建筑材料、屋宇形式已带有西洋气息。湖上徐园、熊园、叶林多属纪念性园林。公园、萃园皆为集资建成。其时,虽有二三小园出现,却无占地更广、更有规模和文化韵味的新园。因此,无论从园林的规模,还是从性质看,都反映了民国初年至抗日战争之前的二十多年中,扬州经济的衰落。

当然,从嘉道至民国的一百多年中,我们从整个社会背景和经济情况而言,与此前乾隆时期的经济和园林兴盛的情况比较,这一时期扬州园林,从逐渐圮废到战乱兵燹,到又开始有些兴建,基本上是个中衰的局面。

第六章　扬州园林的复兴时期

（1949年至今）

中华人民共和国成立以后,扬州园林步入了一个全新的复兴时期。近三十年来,特别是近年来,着意恢复,重建名园;又全面布局,致力兴造;还将园林要素,融入城建,形成城园同建、园在城中、城在园中的城市风貌。园林复兴之势已经形成,盛世造园,且成果辉煌。今日扬州水际、道旁皆多园景。同时,深巷民居中的小庭院、郊外的私家园林也相继出现。

中华人民共和国成立后,扬州园林开始复苏。1949 年 10 月,扬州成为全国最早成立园林管理部门的城市之一。党的十一届三中全会的召开,给扬州园林带来了春天。随着全党工作重心的转移和改革开放政策的贯彻,自 1982 年扬州市名列国务院首批公布的二十四个历史文化名城的三十年来,园林事业日益发展。

1988 年,国务院公布蜀冈 — 瘦西湖风景名胜区为国家重点风景名胜区。先后被列为全国重点文物保护单位的,1988 年有个园、何园;2001 年有普哈丁墓园;2006 年有五亭桥、白塔、吴道台宅第、大明寺、小盘谷等。

近年来,扬州先后获得了"中国优秀旅游城市"(1998)、"国家卫生城市"(2002)、"国家环境保护模范城市"(2002)、"国家园林城市"(2003)、"中国人居环境奖"(2006)、"联合国人居奖"(2006)、"国家森林城市"(2011)等殊荣。这些荣誉,都与园林建设事业息息相关。

说从中华人民共和国成立到如今,特别是近三十年来,开始了扬州园林的复兴时期,这是因为改革开放以来,扬州的经济、文化、交通等各方面有了飞速的发展。园林的兴衰,从来都是与经济的起落相关的。现在,经济发展了,园林有了发展的基础,这是说的园林复兴的可能性。同时,园林建设事业,也必须与改善人们的居住环境同步,必须与城市的改造与建设同步。而且,基于扬州历来文化古城和旅游名城的实际,园林事业还必须为旅游、文化等方面的发展,营造基础,提供推动的力量。这是扬州园林复兴的必要性。

纵观扬州园林事业三十年来发展的状况,明显可见它的发展速度愈来愈快,前跨的步伐也愈来愈大。在这大量的园林复兴工程中,举其大者,可列为以下几个方面:

一、着意恢复,重建名园

近三十年来,在城区先后修复了个园、何园、珍园、萃园、二分明月楼、普哈丁墓园、仙鹤寺、汪氏小苑、小盘谷、吴道台宅第、梅花书院、蔚圃、匏庐、憩园、西方寺(八怪纪念馆)、史公祠,复建了片石山房、朱草诗林、九峰园,在康山文化园区的建设中,重建了卢氏意园、数帆亭,结合东关街、东圈门历史街区的改造,重建了壶园、逸圃、华氏园、小玲珑山馆(街南书屋)和冬荣园、馥园。

北郊,在先后修复御马头、冶春水榭、明月桥、虹桥、长堤春柳、徐园、小金山(梅岭春深)、白塔、莲花桥(五亭桥)、凫庄、长春桥、平山堂及西苑等之外,复建了卷石洞天、西园曲水、虹桥修禊、四桥烟雨、水云胜概、春台明月(熙春台)、玲珑花界、白塔晴云,并在万花园一、二期中,分别重建了石壁流淙和锦泉花屿。

着意恢复、重建名园,让明清时期许多衰败、荒圮的园林,得以修复;许多名园得以重建;"扬州以园亭胜"的景象,得以重现;特别是北郊,出虹桥至平山堂下,沿着宛转曲折的瘦西湖,又再现了"两堤花柳全依水,一路楼台直到山"的胜景,又展现出一幅延绵十里的山水长卷。

以下简要介绍城里和北郊湖上的一些名园修复或重建的情况(石壁流淙、锦泉花屿两座名园的重建,移至下一节万花园部分,加以介绍)。

‖个园‖　个园始建于嘉庆二十三年(1818),前章中已作介绍。道光十八年(1838),园主人黄至筠去世,直到同治初,园仍为其后人所有,但已逐渐败落。金雪舫(1797—1871)晚年在其《个园》诗中云:"门庭旋马集名流,兵燹余生感旧游。五十余年行乐地,个园云树黯然收。"

同治初,个园易姓。始为丹徒李氏,对园中部分假山和七楹抱山楼,皆有修葺之举。至民国初,园归徐宝山,称徐氏花园。清末民初杨廷杰诗中有"四时园色斗明霞,别出心意成一家",犹称颂园中四季假山之奇美。民国十年后,园又先后归于蒋氏、朱氏。

20世纪70年代末80年代初,个园中四季假山、曲池亭廊楼堂,由园林部门逐步修复。1982年3月,被列为省级文物保护单位,1988年1月13日被国务院公布为第三批全国重点文物保护单位。1992年《人民日报》海外版,将个园与北京颐和园、承德避暑山庄、苏州拙政园合称为中国四大名园。不久,园区北扩至盐阜路南,于抱山楼北,凿曲池,以黄石绕池叠筑,参差高下,水中亦以黄石作汀步。池东建重檐六角亭,亭北接以双面曲廊,连接池北之映碧水榭。池榭一带分畦植竹60余种,近两万竿,并于北坡修篁中建亭,额曰"竹里馆"。如此则补足了园以竹石为胜的特色。

新的北大门在盐阜路南,面阔三楹,宽廊,歇山式,檐下两侧有绿杨诗社诗人潘慕如所作抱柱联曰:"春夏秋冬,山光异趣;风晴雨露,竹影多姿。"上联写四季假山之画意理趣,下联写丛丛修篁婆娑倩影。似在向游人提示园中风光特色。

‖寄啸山庄(何园)‖　园为清代光绪九年汉黄德道何芷舠观察所建。王振世《扬州览胜录》称其"为咸同后城内第一名园,极池馆林亭之胜"。本书前章中已有具体介绍。后,何氏南迁沪上。1944 年,山庄易主,何家将宅、园(包括片石山房)一并出售,只在片石山房东侧留下四个院落,砌砖为墙,与售出部分隔开,并在花园巷另开一大门。此后,此园曾作游乐场所和私立祝同中学。1949 年后,园归园林部门。1969 年 3 月,市革委会同意无线电厂迁入何园,厅馆改作车间,致使一些古树死亡,假山倒塌,陈设散失。1979 年,工厂搬出,何园复归园林部门,修复假山、曲池、厅堂楼阁,补植花木,一番大力整饰后重新开放。同年 5 月,园内举办灯展,展出各种彩灯 200 多盏,10 万人次前来参观。1988 年 1 月 13 日,被国务院公布为第三批全国重点文物保护单位。1989 年 10 月,园内片石山房由造园专家吴肇钊主持修复。山房内湖石假山峰高九米,为石涛叠石的"人间孤本"。东南有楠木厅,长期以来与荒草瓦砾为伍,修复时,依照蓝本,山房南端复建硬山水榭三楹,横跨水面,遥对主峰。榭东建曲廊与楠木厅相接,并于厅西山墙建朝西歇山舫屋,增加空间层次,与水榭呼应。对山房西北侧湖石主峰,又按石涛布局章法,予以修补,并于其东南叠成水岫洞壑,以虚衬实,以幽深烘托峻峭。水岫中,又利用光的折射原理,人工造月,白天即有明月浴于山前曲池碧波之下。同时,将池水引入水榭围栏,成榭中之泉。榭小三楹,置琴台、棋墩,设书房,辟画窗,景观丰富。

　　近年来,次第将住宅楼,包括玉绣楼、东一楼、东二楼、骑马楼整理恢复,全园一千五百多米连接诸楼群上下之复道长廊全部贯通,又回收东部,恢复家祠,布置景观。东大门南墙壁上嵌古建专家罗哲文题字"晚清第一园"石刻。

　　‖ 二分明月楼 ‖ 在今广陵路中段南侧,1996 年 2 月,修缮后开放。

‖荷花池公园‖　公园为清代康乾时期汪氏南园之地,乾隆间盐商汪长馨于此筑南园。乾隆南巡,曾四幸其园,并赐名为九峰园。1997 年,移回原园中一峰湖石,另配置八峰,恢复九峰,并于池中、岸际建亭廊堂榭、平台拱挢、门厅,岸上高树茂密,小径盘曲,水中广植荷花。是年 10 月开放。至 2004 年初,公园引种荷花品种已达 400 种,植品种荷花 7000 缸(盆)。

‖小盘谷‖　位于丁家湾大树巷之小盘谷,前章已有介绍。中华人民共和国成立后,先后归二〇速成中学、茶叶加工厂和商业招待所等单位使用。2006 年 5 月,小盘谷被国务院公布为全国重点文物保护单位。2008 年起,由市房管局进行了“不改变文物原状”的修葺。拆除了 20 世纪 70 年代建于西北院中的一座四层楼房,对原住宅部分作了与小盘谷园林风貌相适应的复建。小盘谷的修葺,西部园内对九狮山作了洞腹内的加固,铺设鹅卵石地坪,设置多处下水暗口,进行隐匿性修复,山峰北侧“水流云在”谷口北偏,构建冈坡溪谷叠石,恢复九狮山山水“水随山转”、“山因水活”的意境。并恢复曲尺厅南一组叠石小山,作为九狮山主峰南延、伏地又起的余脉,使主峰有了呼应,使西园中厅、阁、小楼如若筑于山势延绵起伏的盘谷之中。同时,西园北侧仿古“桂花楼”,楼梯、栏杆、门窗、槅扇等都作了改造。

东部园南端的丛翠馆,增构了景观长廊及卷棚,馆南方沼换砌青石板池栏。园之北端,复建了桐韵山房,加固贴壁盘山磴道。园内增植凌霄、紫竹、桂花、杜鹃、广玉兰等花木。修葺后的小盘谷,仍然保持东、西两园疏密相宜的风貌,为江南古典山水园林中杰出的典范。园中危峰耸翠,苍岩临流,水石交融,浑然一片。其叠山技艺尤为精妙,与苏州环秀山庄并称,闻名于大江南北。

‖卢氏意园‖　在南河下,在卢绍绪宅后,已恢复。

‖壶园‖　在东圈门街中段北侧,已复建。

‖蔚圃‖　在皮市街风箱巷内,已复建。

‖小玲珑山馆‖　即街南书屋,筑于清代雍正末,曾是扬州城内一座藏书十万余卷,海内著名的古典山水园林,内有看山楼、丛书楼、透风轩、透月轩、红药阶、浇药井、梅寮、石屋、清响阁、藤花庵、七峰草亭、觅句廊等十二景。今已重建。

‖吴道台宅第‖　在今泰州路北河下。为清代光绪二十四年(1898)浙江宁绍台道道台吴引孙所筑。宁波匠人施工,浙江宁波古典建筑形式,融入了许多西方建筑元素。中有测海楼,仿天一阁,曾藏书247759卷,并建厅堂亭池,为吴氏兄弟共有。

吴引孙(1851—1920)曾任浙江宁绍台道、广东按察使、新疆布政使、浙江布政使,常年居住上海。

吴筠孙(1861—1917),光绪二十年(1894)二甲第一名"传胪",翰林院编修,后任山东登州府、济南府知府,湖北荆宜道,江

吴道台宅第(王虹军摄)

西浔阳道。

　　吴氏第三代后人中吴征铸（即吴白匋）为南京大学教授，吴征鉴曾为中国医学科学院副院长，吴征铠、吴征镒皆为中科院院士。

　　2005年，吴道台宅第修复。2006年5月，国务院公布为第六批全国重点文物保护单位。

　　‖汪氏小苑‖　小苑在地官第街北、马监巷东侧，为清末民初汪伯屏所建。解放后，制花厂设于园内，"十年动乱"时，制花厂又于后园建工艺楼。近年来，小苑已经修葺开放，工艺楼已成为中国剪纸艺术博物馆。

　　‖蕃釐观（琼花观）‖　本为后土祠，本书第二章中介绍，观内琼花盛于唐宋，至元时始绝。观后有井，即道家所谓之玉钩洞天。明代万历二十年（1592），太守吴秀于三清殿后建弥罗宝阁，清乾隆初增建，四年阁毁，十年修复，阁三层，高大宏丽。光绪中复毁，民国间三清殿尚存，未久又毁圮。

　　2000年4月，蕃釐观复建工程竣工。于文昌中路北侧建石额牌坊，坊北依次为山门、花木院落，高台上建三清殿，殿后筑琼花园。园中有古琼花台，台北侧偏东于湖石假山上建重檐无双亭，亭西侧为玉勾井。园中央凿曲池，池西建小花厅，厅东筑白石平台，临池砌白石栏杆。花厅西南建玉立亭，由曲廊东延至园之东墙。玉立亭北院中有古银杏一株，树龄已逾三百年。树西为通观巷园门。园中花木繁盛，以琼花为主。

　　‖普哈丁墓园‖　园在古运河解放桥东南。1959年冬，维修墓园及阿拉伯文墓碑。1980年11月，再次维修后试行开放。1982年3月，墓园及墓碑被列为省级文保单位。2001年6月25日，普哈丁墓园被国务院公布为第五批全国重点文物保护单位。2002

年 4 月 16 日,普哈丁墓园修整后对游人开放。

‖朱草诗林‖ 朱草诗林在彩衣街弥陀巷东侧小花园巷 44 号,为清代扬州八怪之一罗聘故居。1952 年修葺,园北有书斋,园东沿墙有廊与书斋相接,廊壁南端辟有小门,门内即为住宅前厅。园西南墙前建半亭,亭檐悬"倦鸟巢"匾额,为名家吴让之书题。园西客座,有短廊与半亭相接。园中,小有亭廊,清雅宜人。

1962 年 5 月,纪念罗聘诞生 230 周年,再次整理了朱草诗林,并设作品资料陈列室。"文革"后,又有修葺之举。

‖史公祠‖ 即史公墓园。始建于清代乾隆年间,民国二十四年邑人王柏龄募修。园在广储门外,大门南对北城河。中华人民共和国成立后、"文革"后,多次修葺。

1962 年 8 月 17 日,纪念史可法诞生 360 周年,朱德、郭沫若、赵朴初、蔡廷锴、陈叔通、沈钧儒、蒋光鼐、李根源、邓拓、吴晗等著名人士题词。1954 年 10 月 10 日,史公祠修缮竣工,郭沫若题写楹联。

今之史公墓园,门额"史可法纪念馆"为朱德所书。门内东西两株银杏高大繁茂,为乾隆三十七年(1772)建祠时所植。北为飨堂,歇山式,宽廊,周以木栏。堂中坐史公塑像,像后设雕花槅罩,上额"气壮山河"横匾。两厢陈列史可法复睿亲王书,城破前史公致母亲、夫人遗书以及遗物。堂北石牌坊后一丘青冢即史可法衣冠墓。

梅花岭在衣冠墓之北。墓两侧垣门上皆有"梅花岭"石额。东侧月洞门北,有梅花仙馆。馆西高阜即梅花岭。岭上建小阁,坡上遍植梅花。岭北有晴雪轩,轩前有古蜡梅一株,皆与忠魂相伴。轩内有史公书法、遗书,又称遗墨厅。轩南土冈南坡下,有湖石叠山及湖石驳岸曲池,四周竹木清幽。池南倚墙建半亭,额曰"梅亭"。亭后则为史公祠堂,祠堂南向,内供史公画像。上悬王平将军所书"亮节孤忠"匾额。壁上及展橱内陈列史公年表、乾隆题词及《史可法集》《梅花岭记》等。祠外廊柱上有张尔荩一副名联:"数点梅花亡国泪,二分明月故臣心。"祠前有青桐、紫薇、广玉兰等花木。十数年前,馆内又重加修葺,飨堂前壁间嵌名人书法碑石多方,等等,使这座爱国主义的纪念性园林,更为清幽如画。

‖ 萃园 ‖　园内还遗存湖石假山、水池、曲廊、六角亭等,罗汉松、瓜子黄杨皆逾百年。

‖ 珍园 ‖　清末小园,今仍存其园景一隅。

‖ 怡庐 ‖　在文昌中路南侧稆家湾,民国初年,钱业经纪人黄益之宅园,扬州叠石造园名家余继之筑。园有前后两院落,前院大门朝东,院内北有花厅三楹,厅北天井中依园墙处,东端叠宣石小山,疏竹掩映。厅之南为天井,东、南两面建廊环抱,天井西有两厢名"寄傲"、"藏拙",合称两宜轩。(后院今已不存)小园厅、轩、廊、窗、假山、竹树皆得体合宜,清幽而有逸趣。

关于北郊瘦西湖至蜀冈诸多园林的整修和重建,概况如下:

1. 见于《广陵区志》"大事记":

1949 年 10 月 29 日,叶园、徐园、阮家坟收归国有。

1950 年,维修徐园的听鹂馆、疏峰馆。

1951 年 12 月 9 日,瘦西湖开始大规模整修。装修小金山、徐园等地厅馆、亭台,新建小虹桥,铺设长堤春柳路面、莲花桥至平山堂路面并栽植行道树,维修加固白塔、莲花桥,建凫庄水榭亭,同时整修平山堂和观音禅寺。

1952 年 1 月,扬州叶园、阮家坟改建为劳动公园。

1962年10月14日,鉴真纪念堂奠基。1973年11月,纪念堂落成。

1979年3月,江苏省政府拨款70万元全面整修平山堂风景区,以迎接日本国宝鉴真坐像回故乡展出。12月,于观音山建唐城遗址文物保管所。

1980年春,国家文物局拨款维修天宁寺、重宁寺,法净寺复名大明寺。4月,观音山大修竣工。19日至25日,鉴真大和尚坐像于大明寺展出,参观者达18万人。

1982年2月8日,扬州市被国务院公布为第一批24座历史名城之一。3月25日,莲花桥、蜀冈古城遗址、大明寺、鉴真纪念堂等11处被列为省级文物保护单位。

1985年1月,维修莲花桥基础,7月竣工。

1986年9月30日,扬州盆景园开放。

2. 见于2009年10月出版的《扬州建设志(1988—2005)》

1988年8月1日,蜀冈—瘦西湖风景名胜区被国务院公布为第二批国家重点风景名胜区。10月1日,卷石洞天门厅及附属用房建成。12月12日,二十四桥景区主体建筑熙春台及游廊、十字阁复建竣工。是年,北城河、玉带河沿岸砌筑石护坡、混凝土预制块河滨小道。瘦西湖小金山后建成石拱玉版桥。

1989年10月1日,卷石洞天群玉山房、薜萝水榭及游廊等建筑重建竣工。

1990年2月19日,中共中央总书记江泽民接见台湾"统联"访问团时,发表有关扬州二十四桥景区的讲话:"中国是个历史悠久、文化灿烂的国家。各地都有不少文物古迹。我的家乡扬州就有不少。唐朝诗人杜牧的诗'二十四桥明月夜,玉人何处教吹箫'，写的就是我们扬州。我小时候一直在找这二十四桥，直到 2 月 18 日晚上，家乡来人告诉我说，这二十四桥如今已经恢复原貌。如果大家有机会的话，希望你们到扬州看看。"5 月 1 日，卷石洞天复建竣工，对外开放。9 月，古禅智寺遗址东侧竹西公园建成开放。

1991 年 5 月 5 日，配合"琼花节"，举行二十四桥景区开放暨毛泽东手书杜牧诗碑揭幕仪式。是日，乾隆水上游览线首航。9 月 16 日，蜀冈—瘦西湖风景名胜区管理委员会成立，与市园林局合署办公。10 月 12 日，中共中央总书记江泽民陪同朝鲜劳动党总书记、朝鲜民主主义人民共和国主席金日成视察扬州，参观蜀冈—瘦西湖风景名胜区。12 月 14 日，北城河疏浚工程开工。

1993 年 2 月 5 日，赵朴初题写"石壁流淙"、"蜀冈朝旭"景区名。8 月 27 日，大明寺栖灵塔重建工程破土动工。塔体九层，塔身方形，主体为钢筋混凝土结构与木结构相结合。总建筑面积 1865 平方米，塔体高 62.45 米，总高 73 米。1995 年 12 月 28 日竣工。

1994 年 7 月 12—14 日，建设部在扬州召开《蜀冈－瘦西湖风景名胜区总体规划》评审会并获原则通过。

1995 年 1 月 10 日，地处"乾隆水上游览线"源头的御马头拓宽改建工程开工，当年 6 月 21 日竣工。

1996 年 6 月 3 日，瘦西湖北区建设征地 3.76 公顷。其中瘦西湖东岸 3.19 公顷，西岸 0.57 公顷。

1997 年 1 月 3 日，扬州隋—宋城遗址被国务院定为第四批国家重点文物保护单位。2 月 21 日，扬州市被省政府命名为首批省级园林城市。4 月 20 日，中日樱花友谊林第十二次访华代表团在瘦西湖公园水云胜概前西侧栽植日本樱花 50 棵。11 月，柳湖路（四望亭路来鹤桥至大虹桥段）新建工程开工，全长 465 米，宽 16 米。

1998 年 8 月 11 日，省政府命名蜀冈 — 瘦西湖风景名胜区为首批省级文明风景名胜区。是年，国家旅游局公布中国第一批 54 个"中国优秀旅游城市"，扬州市列 24 个地级市第 2 位。

1999 年 3 月 18 日，扬州汉广陵王墓博物馆第一期工程竣工并开馆。4 月 9 日，漕河综合整治一期工程开工，整治范围长 880 米。是日，扬州开始实施围墙透空透景改造工程。10 月 20 日，蜀冈 — 瘦西湖风景名胜区被中央文明办、建设部、国家旅游局联合命名为第二批全国文明风景旅游区示范点。

2000 年 9 月 28 日，隋炀帝陵一期修复工程竣工，隋炀帝陵开放。10 月 20—22 日，中共中央总书记、国家主席江泽民在扬州市举行的润扬长江公路大桥开工典礼上，为大桥奠基培土，并题写了"把扬州建设成为古代文化与现代文明交相辉映的名城"。22 日，江泽民主席陪同法国总统希拉克访问扬州，参观瘦西湖公园、东关古渡、博物馆和汉广陵王墓博物馆。

2001 年 4 月 5 日，扬州古运河—邗沟—瘦西湖水上游览线基础设施工程在黄金坝开工。12 月 28 日，汉广陵王墓博物馆王后寝宫复建成功，对外开放。

2002 年 4 月 2 日，瘦西湖活水工程的最后通道——保障湖整治工程竣工，实现引邵伯湖水补济瘦西湖的目标。是日，瘦西湖北区碑廊一期工程竣工。9 月，茱萸湾公园维修碑亭，立"挹江控淮"碑，铺设沥青道路。11 月，扬州市"绿杨城郭、生态扬州"绿化工程启动。12 月中旬，瘦西胡引水总站工程通过竣工验收。12 月 26 日，瘦西湖疏浚工程开工，次年 1 月 23 日竣工，清淤 5.82 万立方米。

2003 年 12 月 30 日，扬州市被建设部命名为"国家园林城市"。是年,整治邗沟河、头道河、漕河、玉带河、念四河。

2004年1月1日,蜀冈西峰生态公园开工建设。公园规划面积约40万平方米。5月5日,茱萸湾风景区举行首届"芍药节"。7月8日,中国花卉协会、扬州市政府主办的第18届全国荷花展开幕式在瘦西湖熙春台举行,来自全国20多个省(市)、自治区400多个品种、万盆荷花汇聚扬州参展。12月6日,由扬州日报社、市建设局、市园林局等单位联合举办的"新扬州十景"评选揭晓,蜀冈西峰生态公园、汉陵苑、漕河风光带、古运河风光带等皆名列其中。12月24日,扬州市荣获"中国人居环境奖"。

2005年2月18日,趣园景区复建工程开工,由四桥烟雨楼修缮、锦镜阁复建、澄碧楼改造等部分组成。4月18日竣工。7月1日,"瘦西湖之夜"水上休闲游启动。

2006年5月25日,大明寺、莲花桥、白塔等列为国务院公布的第六批全国重点文物保护单位。9月20日,扬州市荣获"联合国人居奖"。

2007年3月23日,瘦西湖风景区内的万花园一期工程竣工。4月17日,宋夹城湿地公园工程竣工。

2008年9月12日,住房和城乡建设部公布瘦西湖公园为第二批国家重点公园。

此后,2009年4月,万花园二期工程竣工。9月26日,蜀冈—瘦西湖风景名胜区被文化部和国家旅游局授予国家文化旅游示范区。到2009年,蜀冈—瘦西湖风景名胜区已累计投入30亿元,新建景区景点20多个,新增游览面积5平方公里,对公共设施进行规范和完善。自1988年8月1日以来,先后荣获国家重点风景名胜区、全国文明风景旅游区、国家文化旅游示范区、扬州宋夹城考古遗址保护公园等四项国家级品牌。2009年,瘦西湖风景区通过国家旅游局资源价值评审,在全省待验收的5A级景区中名列第一。2010年4月18日,国家旅游局授予扬州瘦西湖风景区为国家5A级旅游景区。

今日,北郊的蜀冈－瘦西湖风景名胜区已成为以古城文化为基础,以重要历史文化遗迹和瘦西湖古典园林群为特色,与城市紧密相依的国家重点风景名胜区。由唐子城风景区、宋夹城风景区、蜀冈风景区、瘦西湖风景区、绿杨村风景区五部分组成。

唐子城风景区,以历史文化遗迹著称,有以叠加方式完整保存下来的唐子城、宋宝祐城及城墙、护城河、唐西华门、唐十字街遗址和铁佛寺、汉广陵王墓博物馆等。

宋夹城风景区,以宋代文化遗迹著称,有宋夹城及其城墙遗址、护城河。

蜀冈风景区,由蜀冈西、中、东三峰组成。西峰有生态公园及玉钩斜等遗迹;中峰有大明寺、平山堂、革命烈士陵园等;东峰有观音禅寺、崔致远纪念馆、竹西公园、大云寺遗址、山光寺遗址、邗沟大王庙等。

瘦西湖风景区,有卷石洞天、西园曲水、虹桥修禊、长堤春柳、徐园、小金山、荷浦薰风、四桥烟雨、水云胜概、五亭桥、凫庄、莲性寺、白塔、二十四桥景区之玲珑花界、熙春台、二十四桥,及书画碑廊、蜀冈朝旭、春流画舫、白塔晴云(包含望春楼、小李将军画本、静香书屋及2007年复建的万花园南端的半青阁、苍筤馆和香林草堂、归云别馆、种纸山房两组景点)、万花园(包括洛春堂、问秋馆、簪花亭、石壁流淙、群芳争艳、琼花坞、锦泉花屿、九曲流芳及扬派盆景艺术博物馆)。

绿杨村风景区，与老城相接，有史公祠、天宁寺、重宁寺、御马头、冶春、绿杨村等。

在五大景区中，历史文化遗迹、古典名园等等，都得以保护、恢复或重建，有些景点，则为新筑。新筑部分，将在下一节文章中介绍。

二、全面布局，致力兴造

随着城市经济的日益发展，在基本恢复和重建康乾时代园林盛况的同时，园林部门又志在开拓，谋求超越。三十年来，一边着意恢复、重建名园，一边又全面规划、兴筑新园，适应盛世造园的需求。于是，就陆续出现了东郊的竹西公园、茱萸湾公园、曲江公园和凤凰岛风景区，南郊出现了润扬森林公园、瓜洲古渡公园、蝶湖公园，西南郊将出现三湾湿地公园，城东南有了康山文化园，西北郊有了蜀冈西峰生态公园，北郊有了崔致远纪念馆、汉陵苑、瘦西湖西岸七百米诗画廊。特别是自2006年以来，有序搬迁了二百多家工厂、五千多户居民，先后完成了瘦西湖活水工程、万花园、傍花村、掬花楼、宋夹城生态湿地的建设和保护工程。在万花园的建设中，原址中的历史名园还得到了恢复重建。蜀冈－瘦西湖景区也得到了大幅度的扩容提升。

‖竹西公园‖　园在唐代禅智寺旧址之东，今城东北竹西路北侧，古运河北岸，临河建"竹西芳径"牌楼，园门南向，上悬"竹西公园"匾额，为书法家林散之所书。园广一百多亩（7.33公顷），内有景屏、竹西亭、明月桥、竹西精舍、莲池、蜀井、三绝碑等，碧水潆绕，花木鲜秀，凫浮于水，鸟鸣于树。竹西亭、明月桥有深厚的唐代文化背景，当为唐人游乐故地和唐人诗意的一种再现。公园

1990 年建成开放，系苏北首家农民创办的公园。园门上"竹西公园"匾额，为林散之老人题写。

‖茱萸湾公园‖　园在城东北红星岛上，西依大运河，东濒壁虎河，南为湾头古镇（即古茱萸湾镇）。因其地古多茱萸树，又在运河水湾处，故名。唐代时，此地为北方进出扬州门户，唐代诗人刘长卿等有吟咏茱萸湾的诗作。"落花逐流水，共到茱萸湾"；"苍苍古木中，多是隋家苑"等。园为 1982 年建，地近千亩。园内建有楼堂亭榭，高阁长廊，假山池馆，沿水皆建木栈道。园内花木繁盛，有茱萸园（为国内最大的茱萸园）、桃园、梅园、竹园、紫薇园、雪松园、龙柏园、杉树园、银杏园、琼花园、芍药园与荷花池等等，这些专类植物园区，既可观赏（如梅园有山有亭），又作苗圃，畦分亩列，弥望不断。荷池在园之南偏，水上架曲折木桥，夏日花发，数十亩荷花，朱花碧叶，香远益清。

茱萸是茱萸湾著名的特色树种。园原有山茱萸树千株，近又引进百年以上山茱萸三百多株，吴茱萸和食茱萸各百株，在茱萸轩前形成国内最大的茱萸观赏区。山茱萸，春日花发，满园一片金黄，夏日青绿果实挂满枝头，至秋日果熟时节，则粒粒鲜红如玉。吴茱萸，六、七月开花，黄绿色，蓇葖果由绿色渐转为紫红色，种子黑色有光泽，气香味辣。食茱萸则多刺。

芍药园地广三十亩，品种逾百，暮春之时，万花齐放，一派锦绣。近年来，全市每年芍药节均于此举行。

茱萸湾公园的另一特色，是专门辟有动物园，熊、狮、虎、豹等猛兽区，分别建有熊山、狮山、虎山等，还设有猴山和熊猫馆，另有食草类动物及天鹅、孔雀等珍禽池馆，物种十分丰富。

‖凤凰岛生态旅游区‖　凤凰岛生态旅游区在城东北泰安镇

北,建在金湾半岛北部和凤凰岛、聚凤岛等岛屿上。旧称此地"七河八岛",为清代康熙年间水利工程"归江十坝"的旧址。其北,邵伯湖烟波浩淼,境内河汊纵横,水雾迷蒙。旅游区地广逾千亩,是一处芦苇丛生、竹树苍密、水生植物繁多、水鸟群居、游乐内容丰富的湿地生态风景区。

‖曲江公园‖　园在城东,位于文昌中路南侧,地近大运河文昌大桥。原为郊区渔场,旧称沙河,即古"广陵观涛"之曲江处。2004 年建设,占地 25.36 公顷,建有"九龙戏水"、"百舸争流"、"人造海滩"、"荷塘月色"等八景,水池、花坛、小桥、木廊、景石、喷泉等布列有致,花木繁茂。

‖润扬森林公园‖　园在润扬大桥北端东边临江处,占地 232公顷,2005 年 1 月 26 日动工兴建。园内绿树森茂,湿地广阔,内有人工湖、千米花堤、商业街、纪念馆、景观主干道、景观广场等建筑设施。2000 年 10 月 20 日,中共中央总书记、国家主席江泽民在公园所在地为润扬大桥开工揭幕。2005 年 4 月 30 日,中共中央政治局常委、全国人大常委会委员长吴邦国在滨江公园广场,为润扬大桥通车典礼剪彩。

‖瓜洲古渡公园‖　在扬州市南郊,长江与古运河交汇处。瓜洲为千年古镇,《水经注》载:"汉以后,江中涨有沙碛,形如瓜,故名瓜洲。"《名胜志》亦载:"沙渐长,接连扬州郡城。自唐开元后,遂为南北襟喉之处。"唐末建有城垒,宋乾道四年(1168)始建城。明代,为抗倭要地,更筑瓜洲城。清代,盐、漕兴旺,瓜洲更为繁荣。乾隆《江都县志》中说:"瓜洲虽弹丸,然瞰京口,接建康,际沧海,襟大江,实七省咽喉,全扬保障也。且每岁漕艘数百万浮江而至,百州贸易迁涉之人,往返络绎,必停泊于是。"后因江流变化,瓜洲江岸逐年坍落,至光绪二十一年(1895),瓜洲全城沉沦入江。今之瓜洲,为瓜洲城北之四里铺逐步发展而成。

唐天宝元年(742),鉴真首次东渡日本,即从瓜洲渡口启航。唐代,李白、刘长卿、白居易、张祜、李绅;宋代,王安石、苏轼、米芾、陆游、杨万里、刘克庄、文天祥;元代,王冕、萨都剌;明代郑成功;清代,王士禛、陈维崧、曹寅、厉鹗、杭世骏、郑板桥、袁枚、赵翼、洪昇;以及现当代的田汉、秦牧等,于瓜洲古渡皆有行迹或题咏。特别是白居易的《长相思·汴水流》、张祜的《题金陵渡》和王安石的《泊船瓜洲》等最为脍炙人口。

瓜洲自古为扬州的南大门,中华人民共和国成立后渡口更为繁忙,便于渡口之侧建瓜洲闸管理处。闸区园内有九曲桥、观潮亭、钓鱼台、银岭塔等,林茂花繁,鸟鸣不绝,成为水利工程基地和旅游胜地。先后迎来了我国许多领导人、著名作家、诗人、港澳台人士和海外侨胞,以及一百多个国家的贵宾和代表。

‖蜀冈西峰生态公园‖　在蜀冈西峰,属蜀冈—瘦西湖风景名胜区,古为吴公台,又名玉钩斜,为隋代葬宫人处。明末清初,曾为军营、军田,民国时为大教坊,抗日战争初为飞机场,后荒废。中华人民共和国成立后,为农业场站、研究所。公园原为桃园部分,2004年1月建设,新栽树木72种60余万株。筑主干道宽6米、长1700米环绕于园内,恢复八卦塘、玉钩亭等旧迹,新建蜀冈草堂于高树茂林中。

‖万花园‖　扬州南宋时,蜀冈上曾有万花园(见第二章),后废。2007年春,在完善白塔晴云、重建石壁流淙的同时,于此增筑琼花坞、群芳争艳、簪花亭、洛春堂、问秋馆诸景,面积达三百多亩,栽植竹树花卉数万,形成湖上楼台隐约、万花争艳的新景区,即以万花园名之。时谓之万花园第一期工程。

　　万花园园门在园东围墙偏北处,东临长春路。因为万花园是瘦西湖的一部分,这座园门自然也成了瘦西湖的东大门。园门为屋宇形式,面阔三大间,歇山顶,额枋处斗拱四面支承,出檐宽阔,建筑高大壮丽。朝东檐下悬草圣林散之题书"瘦西湖"横匾,两侧抱柱联语曰:"青山隐隐,碧水迢迢,径草新生长短绿;丹阁巍巍,朱栏熠熠,园花竞绽浅深红。"联语集前人旧句又加创意,除上联用"青"、"碧"、"绿",下联中用"丹"、"朱"、"红"相对,切合园景主题,饶有意趣外,联意则对万花园的自然山水环境、花木季相生态和深厚的文化意蕴等等,都作了概括和描述。联语由沈鹏以行草书之,书法亦灵动而隽美。门厅西南檐下,则悬"万花园"横匾,集自乾隆御笔。门前广场南北两侧,植有香樟、杨梅、桃、樱、桂、荷、杜鹃等等,游人走近园门,即能感受浓浓的绿荫花香气息。门厅之南则为一组长廊、亭堂、花坛、绿地和池泉、小桥,它们排列有序,又互相穿插、组合,构图形式灵活,相邻相映,自然承接,空间变化丰富,造型大气、生动、新颖。同时双面廊中隔墙辟有面面花窗,人在园外,园内景色也隐约可见。长廊曲曲折折长约 350 多米,于转折处设方亭、圆亭各一,除了点景,又供憩坐。南端廊道间,更设两屋三楹购物、休闲之用的厅堂。如此设置,既丰富了建筑形式,又满足了多方面的服务需求,融入了浓浓的人性化情味。

　　‖琼花坞‖　入园后,正西为琼花坞。其间地势南北略高,北接坡冈,竹树蓊郁。西侧低平,有流泉曲沼,空疏开阔。通道上铺砌 12 块青石浮雕。其中,两块较大,各为 1.8 米见方,画面一为琼花,一为以芍药为中心的百花争艳图案。其余七块各为 0.6 米见方,画面分别为梅花、牡丹、菊花、兰花、月季、杜鹃花、山茶花、荷花、桂花和中国水仙，即中国十大传统名花。浮雕造型生动、古朴而又清雅，让人感到，甫一入园，即有名花相迎。

通道正西，有土坡横前，坡上植黑松数株，松间点置青苍湖石数块，如一幅古朴苍劲的松石图画。再西则见曲池宛转，池岸累累卵石间有菖蒲等水生植物摇曳水际。

而整个琼花坞景区，高下起伏的坡谷间，木栈道两旁，尽植琼花。

琼花，别名有聚八仙等，为忍冬科荚蒾属常绿或半常绿灌木，枝条广展，叶对生，花序四周为八九朵五瓣白色大型不孕花，中央为数十可孕花蕾。花期4月，果期10月，核果由淡青渐转深红。

琼花最初见于扬州后土祠中。唐时来济、杜牧等已有诗文赞其仙姿玉貌，而不知其名。北宋至道二年（996），王禹偁知扬州，见其树大花繁，洁白可爱，赋诗以状其态，并随俗始称其名为琼花。

韩琦、欧阳修、苏轼等人先后知扬州时，赞咏不绝。欧阳修还于其侧建无双亭。在宋代，琼花因其美丽、珍稀、天下无双而名动朝野，两度被移植皇宫禁苑，皆萎而不花，返植故地，则敷荣如前，其间，曾遭金兵揭本之灾，赖旁根萌发，渐又绝而复苏。宋代之后，传说渐多，其中流传最广者，为隋炀帝下扬州看琼花的故事。

自20世纪80年代起，扬州市已遍植琼花，并重建蕃釐观（后土祠，北宋末改此名），观后筑琼花苑（内有琼花台、无双亭、玉钩井等）。1985年7月18日，扬州市一届人大常委会第十六次会议决定：银杏、杨柳为扬州市市树，同时决定琼花为扬州市市花。

‖群芳争艳‖ 在琼花坞西南，位于万花园（一期）中心。景区地势东有青冈翠阜，树高林密，冈西草坡迤逦伸延，止于广池之前，形成东南北三面绿树环抱、西有碧水映带的十分开阔的绿坡。

坡上高羊毛草一片绿荫,经冬不凋。

景区花木品种丰富。春三月,日本早樱花开,满树雪白,晚樱则绽绯红,碧桃垂绿,海棠如一派红霞,紫玉兰高竿万枝彩笔,黄玉兰展淡青轻黄花瓣,广玉兰、木槿、女贞等正在孕花育蕾。路边的地锦植物雏菊、三色堇、矮牵牛、菊叶牡丹等,更开得绚丽一片,如锦绣。水边的连翘花枝金黄纷披,成畦的二月兰(蓝)即诸葛菜,浅蓝浅紫的十字花已开得重重叠叠,十分烂漫,早引得蜂飞蝶舞。

举目四望,南边高冈上簪花亭、苫茅为顶的问秋馆、正西隔水的梅坡、桂林和成片的雪松,西北石壁流淙黄石大山环抱中飞举的亭馆檐翼,以及更远的栖灵塔,都一一展示如画。

‖簪花亭‖　亭在园中心高坡之上,坡高 12 米,亭高 8 米。

芍药又名娇客、余容、留夷、将离、可离、婪尾春等,芍药科、芍药属,为多年生宿根草本植物,每年惊蛰(3 月 6 日前后)萌芽破土,立夏(5 月 6 日前后)绽蕾放花。花朵丰腴硕大,色彩绚丽,妩媚多姿,芳香馥郁,被视为美好、喜庆、吉祥、繁荣的象征。

芍药是中国特产的传统名花。扬州于南北朝时已见栽培,至宋代逐渐繁盛,且名种迭出。庆历五年(1045),资政殿学士韩琦知扬州,某年暮春,郡圃芍药中"金带围"一干四岐,岐各一花。其花上下红,中间黄蕊间之。韩琦与王安石、王珪、陈升之四人宴集花前,并各簪其一。后三十年中,四人先后皆官至宰相。沈括《梦溪笔谈》等书中有较详记叙,故事已流传千载,成了扬州花文化中最为传奇而亮丽的篇章。

熙宁中(1068—1077),刘攽、孔武仲、王观三本记扬州芍药的《芍药谱》先后问世,标志着其时扬州已成为全国芍药培植、研究、交流的中心。宋代扬州芍药甲于天下,与洛阳牡丹齐名,并和扬州琼花一起蜚声四海。

元、明时,扬州芍药已渐式微。清代和民国,扬州芍药都经历了由再盛而又渐衰的过程。

中华人民共和国成立后,扬州芍药渐有恢复。60年代,湖上专辟有芍药圃,植有三千余丛,大约四十余品。80年代,湖上建二十四桥景区,恢复玲珑花界,建观景长廊,筑观芍亭,栽植大片芍药。1999年后,茱萸湾栽植芍药30亩,一万余丛,品种近百。2002年秋,江都花荡建扬州国花园,面积一千亩,其中牡丹六百亩,芍药四百亩,每年花发之时,60万丛芍药次第盛开,一片花海。品种已达二百个以上。同时,扬州大学农学院还辟有大片芍药种质资源花圃,引进名种八十多个。几年前仪征枣林湾又辟有千亩芍药园。如今,扬州芍药品种已达三百多个,无论从种植规模或是品种数量上看,扬州芍药已呈盛世再度崛起的势态。每年的芍药节都吸引来无数观赏者。2005年初,芍药已增选为扬州市花。

今日簪花亭下,芍药种植池中,已栽有红袍金带、西施粉等名品芍药。坡上绿树环绕,遍植海棠、杨梅、广玉兰、羽毛枫、枸骨、五针松、罗汉松、小叶女贞等等。数株黑松倚亭而立,北坡上一株百岁石榴虬枝曲干,形态优美。而亭下"四相簪花"一组雕塑,形象生动,更为游人注目。

‖洛春堂‖ 清代平山堂真赏楼后有洛春堂,后圮废。今移建于簪花亭西南。

牡丹,又有木芍药、鹿韭、花王、富贵花等别称,为毛茛科芍药属落叶小灌木,花期4月,为我国特产花卉,名列十大传统名花前茅。色、香、姿、韵兼得,尤以花大色艳,富丽堂皇,号称"国色天香",长期以来我国人民将它作为幸福、美好、富贵、昌盛的象征。扬州早有栽培,明代有影园黄牡丹故事,清代城内及湖上诸园亦多牡丹。

今日万花园之洛春堂,建于一山坞中,由西向门厅、主厅和北向花厅及折廊组成庭院。院内,主厅洛春堂前凿有曲池,池上架一临波平桥,池水与万花园中主水面相通。院内外,植牡丹、美人茶、白皮松、乌桕、丹桂、绿竹、红果冬青等花木。池畔廊边植有透漏空灵的湖石两峰,以石之苍古映衬牡丹的娇艳,亦颇有情味。

‖问秋馆‖　在万花园东南部,是一座乡野、古朴的民居院落组合而成的建筑。院门南向,主房客厅明三暗五,东西厢各三间,通过南边连廊,形成一座四合院。建筑苫茅为顶,木槅门窗,方砖铺地,黄泥涂抹外墙,院前编竹为篱,池水潆绕,处处显出农家风韵。四周更围以竹丛、春梅、雪松、秋菊。院东有木栈道曲折高下,延伸于东南坡花木间。这是一处植菊、赏菊的景点。

菊花为我国传统十大名花之一。扬州艺菊历史悠久,南宋时,邑人史正志曾著《菊谱》。清乾隆年间,六安叶梅夫精于艺菊,寓居湖上冶春诗社传其技艺,堡城、傍花村等处菊农皆受其益。清末,冶春后社臧谷、萧畏之等皆善艺菊。臧谷著有《问秋馆菊录》。经过长期培育,扬州菊花品种繁多,曾有前十大名种:虎须、金铙、乱云、麦穗、粉霓裳、鸳鸯霓裳、翡翠翎、素娥、玉狮子、柳线;后十大名种:麒麟阁、麒麟带、麒麟甲、玉飞鸾、海棠魂、紫阁、杏红藕衣、玉套环、金套环、白龙须;新十大名种:猩猩冠、醉红妆、绿衣红裳、紫宸殿、鹤舞云霄、金鸾飞舞、绿牡丹、醉宝、残霞满月、燕尾吐雪。近年,新品种又不断出现。

‖白塔晴云‖　与南岸莲性寺白塔隔水相对,故名。此景初建于乾隆二十二年(1757),旧景有花南水北之堂、苍筤馆、林香草堂、种纸山房、望春楼等,后圮废。1984年旅日华侨陈伸捐资,复建花南水北之堂等园景。1989 年,重建望春楼、小李将军画本。2007 年春兴建万花园,则于花南水北之堂北侧坡冈之上建半青阁、苍筤馆,更于西坡冈之上筑兰馨、林香草堂、归云别馆、种纸山房。四组建筑之间,山路盘迂,水渠宛转,竹林掩映,花光摇曳,构成一处负冈临水、疏密有致的湖上园景。

‖石壁流淙‖ 为清代湖上名园,以水石为胜。初建于乾隆二十二年(1757),三十年赐名水竹居。其时,峰峦厅堂皆依湖岸南北延伸。现今重建,山水建筑则取东西走向。黄石大山主峰高13.8 米,东西绵延 85 米。巨石参差,峦起冈突,崖悬壁立,绵延环抱。崖边多泉瀑,山中磴道盘迂,有观音洞、聆清音诸胜。建筑多依山临水,高下连属,疏密有致。形成一座山环水绕、木映花承、亭立堂接、幽深多致的园中之园。

景中厅堂,多依旧名。其西一组,最南一堂即水竹居,前有平台,可沿石阶达于水际。堂西,有短廊北折,连接爬山廊入坡上花潭竹屿(堂)。更北,有廊东折,入静照轩(四面厅式)。再东,有曲室;最东,有方亭止于山际。其东一组,最南为阆风堂,堂南筑有平台。堂西有廊北去,东折而入丛碧山房。出山房沿短廊东行,则为如意馆,馆门东向。自馆沿廊东行,廊尽,为清妍室。而若自如意馆向北,沿爬山廊入一亭,亭曰聆清音,盖亭四周黄石磊磊环合,近处有泉飞落,泉鸣如琴,清越可听。这两组建筑,东西映照,南北参差,有山石流泉相连,有曲桥相接,聚合为一个整体。建筑多取歇山顶式,廊道多取双面空廊形式,青瓦红柱,古朴端庄。

此景山环水抱,南侧曲池、汊河上,亭桥、曲桥及汀步,则处处在矣。

以上,只是万花园一期的一个轮廓。万花园,花是主题,花是主人。园中处处见花,四季有花,是一座楼台隐约、花木繁盛、花文化意韵浓郁的湖上名区。

‖万花园二期‖　万花园二期工程,位于一期北侧至蜀冈观音山之南,是瘦西湖风景区与蜀冈风景区连接的区域,占地五百多亩,2009 年 4 月竣工。园内由三部分组成,即锦泉花屿(重建)、九曲流芳和扬派盆景艺术博物馆。二期延续了瘦西湖的记忆和造园手法,更加注重整体性,将万花园作为瘦西湖的一个有机部分,完全与瘦西湖融为一体;注重文化性,即以花文化为主题,同时注重历史文化的展示;注重生态性,即重视与花文化主题相呼应的生态、群落式绿化,注重植物花卉的多品种、群落的稳定性,以及乔灌草层次丰富的搭配。同时,注重以人为本,在尊重历史的基础上,结合地块内诸多历史遗迹,如隋之九曲池、唐城墙遗址、宋之波光亭和古井等等,清之名园锦泉花屿和国家非物质文化遗产扬派盆景艺术馆,将它们巧妙地组合在一起,不仅将瘦西湖的历史向纵深拓展,还综合显示了扬州历代文化叠加的丰富内涵和独特风格,与一期工程诸景一起,进一步完善并强化了“两堤花柳全依水,一路楼台直到山”的山水胜境。

《扬州画舫录》中说,“北郊多水石花树”。在园景的艺术表现上,重视了“水基、树骨、花魂、石配”的特色,将地块分作不同主题的“屿”,突出“屿”的形态和风貌。园中大大小小 20 多个屿,每一座屿,都是一道自然而优美的风景。其中最大、最重要的“屿”,即是“锦泉花屿”。整个二期,所植骨干乔木达四千多株,用太湖石两千多吨。在建筑风格上,依据反映历史文化背景的不同,南区锦泉花屿为明清风格,北区九曲流芳等为唐宋风格,正好与蜀冈上建筑的唐宋风格自然衔接。

‖锦泉花屿‖ 这座曾经名列北郊二十四景的湖上名园,始建于乾隆二十二年(1757),又名花屿双泉。为刑部郎中吴山玉别墅,后归知府衔张正治(字宾尚),并重修。至道光间,园景尚好。著于道光末的《广陵名胜图记》之中,又有"今,张大兴又修"之语,书中除略记其轩馆外,还记园中古藤"蒙络披离",牡丹"烂若叠锦",泉亦"盈而不竭"。而至咸丰时,园则毁于兵燹。

最早记述此园的是《平山堂图志》,说"园分东西两岸,一水间之,水中双泉浮动,波纹鳞鳞"。而后《扬州画舫录》又称其"地多水石花树,有二泉",还对园中景色作了更多的描述。在万花园二期工程中,依据《扬州画舫录》等有关文字、园图,结合地形地貌,对其精华部分,作了恢复性建设,营造出一派花木浓阴淡冶、亭堂幽深多致、泉屿皆美的园景。

园景自北而南展开。北头偏西,临湖河口有水牌楼,其东水曲处,为幽篁馆、碧云亭、春雨亭、清远堂。再向东南,坡势渐起,路东高冈之上,有清华亭及叠石水景。亭之西南,负坡近湖处,为藤花书屋。书屋正西隔水,有香雪亭。书屋之南,竹木幽深,中有篆竹轩、露香亭、锦云轩。诸景之间,坡冈起伏,树掩花映,园路宛转,亦情致无限。

水牌楼,伫立水中,四柱三门,中门宽阔,高十多米,下可通舟。四柱之下,白石为基,上有三座屋顶(亦称三"楼"),檐下有斗拱支承。中门檐下,东西两面皆嵌石额,上镌"锦泉花屿"四字。牌楼南北两端,隔水与岛屿相接。牌楼既是景区标志,亦为园景之点缀。牌楼下水道,为湖上游览航道进入景区的主要入口。

清远堂、幽篁馆、碧云亭和春雨亭,由曲廊互相连接,沿岸线抱湾而立。而各单体建筑的朝向,又因地制宜,因需而异,分别向北、向南，或向西。它们既参差错落，檐翼交举，又宛转相连，疏密相宜，成为景区北端让人留连的景观。其中，幽篁馆在最西，宽廊、歇山顶。其西、其北，幽篁丛丛，青枝近墙，绿叶拂窗。馆内，陈设清雅，一木制几座上，置一浅灰色空腔琴砖，令人身心俱净，自然想起王维"独坐幽篁里，弹琴复长啸"的诗句，仿佛走进王维辋川别业中清幽绝俗的"竹里馆"，耳畔似有悠扬的琴声。馆东墙外，有廊南延，与水上"碧云亭"相接。亭，单檐，轻盈飘逸。过碧云亭，沿廊南行，又沿阶而上，即入春雨亭。春雨亭亦面南迎水。再沿廊南去，廊尽处，水面阔大，水木清华，南望长屿，一派翠色。近处，芳草如茵，繁花如绣。

清华亭兀立于林茂花繁的高冈之上。冈高十五米，为万花园二期工程中最高景点。亭之南檐下，悬"风月清华"横匾。亭下满坡尽植枫、桂、碧桃、石楠之属，青红交映。亭边石隙，两株黑松，苍虬横斜，尤多画意。树间杜鹃、棣棠、郁金香等等亦生长茂盛。让人注目者，为亭东巨石累累，高下围合，其下石穴中清泉涌动。泉水积满石潭，溢入亭南浅溪，又向西转南，在乱石窄涧中流淌，时疾时徐，淙淙潺潺，又汇积蓄势，涌出石叠水口，沿坡争道而下，撞岸击石，形成层层叠瀑，素湍飞激，哗然隆然，最后注入坡麓深潭，真如一幅深山层岩飞瀑之图。

藤花书屋在清华亭西南不远坡前，四周竹树苍茂，草花自放，中有老藤数株，屈曲伸展。主建筑向西，三楹两进。后进之前庭院中，植一高大桂树，隐含昔日读书人蟾宫折桂之义。书屋正西隔水，一亭翼然，额曰香雪。亭，六角单檐，亭边多梅。

箓竹轩、露香亭、锦云轩一组建筑，分别建于西、北、南三面，东面山坡围墙上辟一门，构成一方清幽院落。箓竹轩，按《扬州画舫录》所记，为湖上第一竹所。今轩前院内满眼皆竹。露香亭，重檐，为赏竹佳处。箈竹轩庭院之外，西、南、东三面绿水绕护，大片坡冈之上，弥望亦尽为竹矣。

‖九曲流芳‖　位于锦泉花屿之北。地接蜀冈，在古九曲池之南。蜀冈上下，自隋唐两宋以来，即为游冶胜处，故迹亦多。嘉靖《惟扬志》云："隋炀帝尝建木兰亭于池上，作水调九曲，每游幸时按之，故谓之九曲池。"

北宋初，赵匡胤破后周李重进，曾驻跸于九曲池上。北宋嘉祐八年（1063），刁约守扬州，"又治其北垣，蜀冈之渊，废宫之圮，陊其故堂，博而新之。对峙二亭，臂张于前。木茂泉清，凫雁与与，光气上下。朝霏夕阴，浮动于檐楹之间……"（沈括《九曲池新亭记》）南宋高宗绍兴三十一年（1161），池上之亭已经兵燹不存。孝宗乾道二年（1166），郡守周淙重建池上之亭，名曰波光。未久亭废池塞。宁宗庆元五年（1199），郭杲命工浚池，引诸塘水注之，建亭其上。又立亭于池北，筑风台月榭，东西对峙，缭以柳荫，亦一时胜观。（摘自嘉庆重修《扬州府志》卷之三十一）

另据嘉靖《惟扬志》、嘉庆重修《扬州府志》等，北宋神宗熙宁三年（1070）马仲甫曾于九曲池北筑借山亭。南宋绍兴三十二年（1162）郡守向子固重建。又有竹心亭，一名半山亭，在借山亭下茂林修竹间。南宋孝宗淳熙二年（1175），吕企中重建。可见，宋代于隋唐九曲池旧址，不断营造亭榭。唐宋时白居易、苏辙等皆有诗，徐铉诗云："缭绕长堤带碧浔，昔年游此尚青衿。兰桡破浪城阴直，玉勒穿花苑树深。"苏辙诗中有"可怜九曲遗声尽，惟有一池春水深"。

到了清代乾隆年间，曾于九曲池亭旧址，建双峰云栈，有听泉楼、香露亭、环绿阁等，为北郊二十四景之一。《平山堂图志》云："九曲池水飞流涌瀑数叠，至阁前入保障河，遂成巨浸矣。"

今之九曲流芳，地在古九曲池之南，上承九曲名迹人文丰富之流韵；同时，池水丰沛而清澈，流经之处，已尽为花树芳菲之景，故名。

九曲流芳，西濒瘦西湖水，北接蜀冈南麓，古寺红墙高树塔影，如屏如幕。九曲借蜀冈一抹黛色，蜀冈借九曲浩浩波光。景区水面多姿多态，宽阔处广可百亩，宛转处静水一湾。西岸边，有含青水榭，东接泱泱水上百米长廊。长廊中途，有一单檐菱形双亭耸立，题名即为"波光"。两侧联云："插深池之清泚；临苍霭而高骞"，语出宋人陈造《波光亭赋》。此赋今已题刻于波光亭壁。"清泚"意为"清澈"；"高骞"犹"高举、高飞"。联语生动地描绘了波光亭的形貌。远看此单檐双亭，确有于粼粼波光之上，展翼欲举欲飞之态。

"醉月飞琼"（桥），在景区西侧高埂水口，东西两侧桥栏作砖砌城垛形式，桥面宽阔，下建高大拱门，俗称为水城门。其北，其南，多唐宋遗存。桥名取唐宋扬州最负盛名的咏景诗文。唐时，扬州明月，名倾天下；宋代，扬州琼花，世上无双。"醉月飞琼"，则取意于"天下三分明月夜，二分无赖是扬州"，"维扬一株花，四海无同类"；选词于"开琼宴以坐花，飞羽觞而醉月"（唐李白《春夜宴诸从弟桃花园序》）及"朱钿宝玦，天上飞琼，比人间春别"（南宋周密《瑶花慢》词）。

景区西侧，有罗城西门遗址与宋代古井。

罗城西门遗址，为扬州唐代罗城西城墙现存唯一遗址，亦为近年全国发现的最为完整的唐代城门遗址。遗址面积近三千平方米。唐代罗城南北长 4200 米,东西宽 3120 米,内有南北大街 6 条,东西大街 14 条。有十三座城门,其中北门一,南门四,东门四,西门四。罗城为唐代扬州工商重地和平民居住区。其北为子城,在蜀冈上,为唐代大都督府和官衙治所,亦称衙城或平城。原罗城西门高大气派,阔十几米,门洞深亦十几米,城高亦十几米。罗城西门遗址,以钢化玻璃罩予以保护。

宋代古井,在唐代罗城西门遗址东北,为南宋时古井。2009 年 3 月 12 日,考古人员从井中挖掘出元代"枢府瓷器"碎片,及元代鎏金发簪等。

‖扬州盆景艺术博物馆‖ 馆在锦泉花屿之东,两景隔水相对。

中国盆景历史悠久,扬州于唐代即有流传。北宋苏轼热爱盆景艺术,在其《取弹子石养石》《和人假山》《壶中九华诗并引》等诗中,皆明显可见。元祐七年(1092),他在扬州知府任上,曾有《双石》诗一首,诗前小引曰:"至扬州,获二石。其一绿石,冈峦迤逦,有穴止于背。其一玉白可鉴。渍以盆水,置几案间,忽忆在颍州日,梦人请往一官府,榜曰'仇池'。觉而诵杜子美诗曰:'万古仇池穴,潜通小有天。'乃戏作小诗,为僚友一笑。"这就是他在扬州获得"希代之宝"仇池石的由来。其诗云:"梦时良是觉时非,汲水理盆故自痴。但见玉峰横太白,便从鸟道绝峨嵋。"太守对这一水石盆景痴迷之雅趣,想必对周围文人及莳花弄草者产生影响。到了清代,扬州盆景发展迅速。乾隆年间,湖上诸园皆有花圃、花房,多有花匠莳养盆景。其时,盆以景德镇瓷盆、宜兴紫砂盆、高资石盆为上等。《扬州画舫录》卷二记载,当时扬州盆景有两种类型,一种以松、柏、梅、黄杨、虎刺等等入盆,剪丫除肄,使根枝盘曲作环抱之势,树下养苔点石,称花树盆景。一种用高资石盆,选黄石、宣石、湖石或灵壁石,叠数寸小山,具峰、壑、涧、桥自然之态,蓄水作细流,如小瀑布下注池沼,池中有小鱼流动。观赏之中,如临濠濮之上。这类盆景稍大,称为山水盆景。

"八怪"之一、嗜茶如命的汪巢林,居住小玲珑山馆七峰草亭期间,自植盆莲、盆竹,自赏亦赠人。其友人亦有回赠盆景的。他在《幼孚惠盆竹》诗中说:"尺许琅玕韵致幽","雅怀为我陈清供"。可见盆景已成为文士之案头清供。

在长期的实践中,扬州盆景逐渐形成了自己的特色。特别在树桩类盆景中,佳品、逸品迭现,声誉日隆,已成为与苏派、海派、川派、岭南派并称的国内五大派系之一。

扬派盆景,主要分为树木、山水、水旱三个大类,各类皆有特色。其中树木盆景"严谨而富有变化,清秀而不失壮观"。多用松、榆、柏、黄杨等,自幼培育,不断整饰,剪扎成型。其技法,一曰扎片,将细嫩枝条一一用棕丝扎缚拿平,使之叶叶平仰,诸小枝相聚则成平整云片。二则根据"枝无寸直"的画理,用棕丝将寸长之枝扎缚为"一寸三弯"姿态。最上之云片,即顶片,多为圆或椭圆形,中、下云片伸展两侧,多呈掌形。棕丝粗细多种,棕法运用变化,都要随材料、季节等因素而制宜。其技艺代代承传,先后出现过许多园艺大师,也留下了一些青苍古茂、精美无比的盆景作品。20世纪末,明清时期的盆景,扬州还有五十多盆,其中一盆桧柏盆景,经历三百多年风雨,相传为崇祯皇帝驸马季某之物。干高仅二尺,虬曲翻卷如苍龙,顶着一个繁茂青碧如绿伞的扎片,似擎起一座苍山,生机之旺、剪扎之精,令人叹为观止。还有"巧云"、"腾云"、"岫云"、"凌云"等黄杨盆景,都曾在国内外盆景展或花博会上获得殊荣。

扬州观花类的盆景，材料与造型姿采纷呈。迎春多提根老桩，碧桃多三弯五层，紫藤多根拙而枝柔。春梅则有单干、双干、三干诸种，有如意、提篮、疙瘩等式，其中又以疙瘩式梅最为著名。另有顺风梅，也很著名，即蟠扎梅枝向一方朝下倾斜，似梅枝被风吹向一边，造型十分独特、雅致。

米竹、虎刺等则一盆多株，高下参差，疏密有致，再点苔植峰，俨然林野风貌。银杏、杜鹃、六月雪、金雀、蒲草等等都是扬派盆景的制作材料。陈从周说："扬州盆景刚劲坚挺，能耐风霜，与苏杭不同。园艺家的剪扎功夫甚深，称之为'疙瘩'、'云片'及'三弯'等，都是说明剪扎所成的姿态特征的，这些都非短期内可以养成……又有山水盆景，分旱盆、水盆两种，咫尺山林，亦多别出心裁。棕榈草蒲，根不着土，以水滋养，终年青葱，为他处所不及。"（《园韵》）

近年，扬州盆景在传统基础上，从内容到形式，皆有所发展、创新，出现了多种多样的形式和风格。现今又有一种文人树干或山水盆景，立意高雅，淡远飘逸，富有画趣。

今日万花园二期中之盆景博物馆，占地约四十亩，建筑面积三千平方米。建筑因地制宜，从西看，为一层，从东望，为两层。建筑风格采用传统形式，又融入现代建筑技艺，总体风格古朴典雅，与盆景古朴典雅之美一致。大门西向，大门南端墙前，以黑松、湖石（嵌于白墙）、芳草、溪水构成数十米长之松石山溪画卷，门前临水处，又以盆景技法将松、竹、梅岁寒三友纳于一盆。盆景博物馆有三大区，即室内展馆、室外展示和生态养护。室内展馆，上下两层。上层主要展示盆景、古盆、几架。下层展示图文，介绍世界五大洲盆景、中国盆景和扬州盆景。世界盆景介绍日、韩、印度、英、德、西班牙、意、瑞士、俄、美、加拿大等国盆景。

室外展示区,以曲折多变、空窗多姿的背景墙为衬托,展示近二十组主题不同的盆景。芳草铺地,几架古拙,通道整洁。生产养护区,有大师工作室、演示厅和研究所。

三、深巷城郊,园景隐约

本节所述内容,皆为扬州平民百姓私家近年来所建的绿色山水庭院和古典式山水小园林。

（一）深巷民居中绿色山水小庭院不断出现

扬州自古多见宅园。大唐盛世,扬州私园兴盛,有"园林多是宅"的赞语。近年来,随着城市的不断发展,人民生活水平的逐步提高,一些人家乔迁至郊区、新区的高楼,一些人家则致力改善旧居的环境。特别是老城区的一些小巷深处人家,利用宅前宅后、屋角空地,打造出一方方绿色山水小庭院。这些庭院,皆能因地制宜,凿池叠石,增以亭廊,植树栽花,点缀碑额楹联,亦多庚信小园情致。它们分布甚广,如绿色明珠,散落在老城古巷之中,装点着美丽着扬州这座历史文化名城的肌理。最早的是渡江路木香巷的木香园,东关街南侧小巷尽头的祥庐和梅岭西路吕庄的紫园,广陵路大武城巷的迦园和仁丰里的勺池等,都有十几年以上的历史。而后不断出现如广陵路傅家甸的梦溪小筑,丁家湾小盘谷一墙之隔的听雨书屋,湾子街灯草行的真赏园,国庆路东营二圈门的李氏小苑,渡江路达士巷的小瑶天、荣园,东关街二郎庙北巷的德翠园,丁家湾的悦园,皮市街戴家湾的逸苑,南城根的滴翠园,徐凝门元宝巷的箕山草堂,新仓巷的晶园,永胜街的月庐,沙姜庄的鸡毛山庄,金鱼巷的逍遥苑,犁头街青莲巷的金石苑,沙牌坊的顾氏小苑,埂子街小仓巷的王氏小苑,湾子街的陶园等约四十多处。

这些庭院,面积小的只有四十多平方米,大的一二百平方米,大多由主人自己设计布置,先作规划,而后在工作之余,今年堆一山,明年建一亭,逐年逐步不断完善。也大多有山有水,虽然假山多属小品,或点石埋石;水则小池半曲一勺,而所谓"一峰则太华千寻,一勺则江湖万里",再增饰亭廊蓄鱼养卉,有限的面积也营造出无限的空间。它们的园门,多为深巷寻常门户,有的园在宅后,入口平平常常,而进入后则往往有豁然开朗、壶天自春之感。

这些庭院共同的特色,小巧而精致,朴素而清雅,且多山水小园韵味。它们与扬州的诸多名园相呼应,与城市"园在城中,城在园中"的大环境相融合。在城园一体、建设园林生态城市的事业中,它们是来自百姓人家可贵的、重要的补充,是古巷人家自发自觉美化居住环境、完整城市肌理应予提倡的新风。它们的可贵,还在于对家前宅后有些隙地尚未营建山水绿色庭院的人家,是一种最为切近的示范。随着时间的推移,随着城市的发展和人民生活水平的提高,这类绿色小庭院,也必将越来越多。这正是扬州作为园林生态城市的特色之一。几年来,木香园、祥庐曾应市旅游部门之请,节日长假开放两天,作为一种尝试。国内外四方游客,也包括本地居民都欣喜而至,赞叹不已。每次长假,游观者皆络绎不绝。成了展示扬州百姓人家改善居住环境和扬州宜居形象生动的窗口,中央媒体还来录制专题,播映全园。可见这些绿色山水庭院的艺术魅力和影响。

‖木香园‖　园在渡江路木香巷。园主为徐鹏志、鹏光兄弟。园门北向,门内一株多年玫瑰,攀缘于门墙上空,又悬垂而下,红花碧叶,多姿而芬芳。门内天井东墙边植一木香,小天井南为映雪厅,厅南为木香园。小园占地约 70 平方米,园西一片长满爬山虎高大绿墙(即徐氏外家祖上清末爱国将领广西巡抚张联桂故居之东墙),一派茵茵绿色,已为小园增添了几许幽深韵致。墙前北侧筑一角亭,在父名母名中各取一字,名曰"熙秋",以纪念双亲养育之恩。亭作三道空花脊,三面檐下贴木雕花板,亭栏设美人靠,亭基较高。亭东南凿地成池,蓄养红鱼睡莲。池上架小石桥,桥名吟月。桥南叠湖石山,山后墙前植芭蕉一丛,嫩绿阔叶,在绿壁与灰白湖石间轻轻摇曳,仿佛唐人咏芭蕉诗中"闲倚青墙卓翠旗"意境的再现。园中养植山茶、牡丹、芍药、蜡梅等四十多种花木。园南有听雨阁,园东南隅花坛上置绿笋石两三峰,藤绕萝悬。是园四壁及屋顶皆布满爬山虎。身在园中,似入绿色山谷。

园南过一夹巷,还有一小园,白石栏杆分隔,高低错落,花繁木盛。园之一隅,有三百年古井一口。

‖**祥庐**‖ 祥庐在东关街中段南侧一无名小巷尽头。八角门上石额"祥庐"为金石书法名家蒋永义篆书。入门东折,见一木格棚架,夏日棚上爬满藤萝。东向,短墙上辟一海棠式门,水磨方砖嵌边,门上石额"清新"二字,为李圣和题书。小园有易尽之虞,此门墙之设,则增加了园景层次。

小园北端为园主杜祥开三间居室,一明两暗,装饰清雅。东壁上有张宽《祥庐图》。屋南上建卷棚,下有宽廊。两边装饰木制花格门窗,中间加冰纹槅罩,檐下悬吴昌硕题书之"履福堂"匾。屋南石台阶作半圆状,镌有牡丹图纹,东西两边置一对明代石鼓。园在居室之南,而原来院子极小,1999 年拆除了一些房屋,才增扩到现今的四十多平方米,可见老城区空间的宝贵,亦见主人痴迷于筑造小园,改善居室环境的决心。面积虽小,布局极为精当。居室南廊之下与东院墙夹角一隅,凿一深池,湖石叠驳池岸,池水西流。经一红栏石拱小桥,向东流入一单檐角亭边湖石小山下。曲池池西,护有石栏,石栏上镂作面面剑环式空雕。湖石小山后有花墙映衬。园之西南,建一小阁,下作庖厨,上可品茗观景。小阁檐翼四举,与半亭檐翼参差相遇,东西应答,平添了小园灵动之美。东墙上嵌诗碑,亭柱上抱楹联。小园青砖灰瓦,青砖花墙,小青砖竖立铺地,园中央再以鹅卵石铺出一方"五蝠(福)团寿"图案,与檐下"履福堂"匾,上下互相映照。园内池中养游鱼水草、青萍、睡莲、荷花,池边长菖蒲,角角落落相宜之处植有五针松、桂花、紫竹、黄杨、垂丝海棠、贴梗海棠、蔷薇、牡丹、芍药等等,更有中国凌霄、紫藤、长春藤、金银花等藤本植物摇曳于空际。园内花木约五十种,并在墙沿、山边、亭下、阶前绣满小叶络石,铺地小青砖缝隙透出细草。小园的方方面面都显得精巧细致,山水亭廊、小桥小阁,诸多花木聚于一园,皆相宜而和谐。真可谓芥子而纳须弥,一方小小壶天竟容纳进如许一片大自然山水春色,人皆称其为小园之精品。

‖紫园‖ 在梅岭西路吕庄8号,主人焦谛擅于绘画和艺术设计,为清代哲学家、数学家、戏曲理论家焦循第六代孙。园在宅前,园中紫藤缘架盘曲,绿荫如盖。每年四月花发,紫光照眼,悬垂下串串璎珞。夏天变为一条条青青荚果。秋冬时节,盘纡交错的枝干,又展示柔曲苍古的美。主人极喜它"蒙茸一架自成林",故名其为紫园。

园之西偏处,小池宛转映带,上建低平小桥。园内散置着许多断石残碑、石磨、石臼、石鼓,壁上镶嵌着一方方青瓷片聚合而成的图案,十分典雅,富有装饰美感。墙前,置石桌石几,让小园里流动着一种古朴雅逸的文化韵味。

‖听雨书屋‖　园在徐凝门丁家湾 85 号,小盘谷西邻,占地不足 80 平方米。入门向南,为一条狭窄巷道,巷尽西折处有峰石兀立墙隅,北对巷道,可谓入门见山,是为引峰,功在引景。石峰之西,南墙前绿竹摇曳,壁上嵌"谷西春深"石刻,为园主人胡炳乾仿唐寅楷书并镌刻而成。明示游人书屋与小盘谷仅隔一墙。"谷西"言其园址,"春深"言其园景。园中细砖竖铺,竹前路侧有一六角古井,井水清冽,南北墙上爬满凌霄、月季。向西数步,有花墙一截,南端砌水磨细砖花墙,北端辟水磨方砖小门,小园之景易尽,此墙之设,欲隐又显,增加了园内景观层次。过小门,小桥、曲池、假山、半亭、小榭,即次第呈现。小桥平贴水面,池周湖石驳叠,湖石小山耸立北墙之前,颇有韵致。山侧一株磬口蜡梅老干屈曲,俯身池上。半亭东向饰以冰纹月洞楣罩,西、北两面下置空花砖栏,为小园空间又增一景观层次。亭西小榭数扇长窗,亦以木格装饰。

自半亭向南即入楼厅:厅之南,天井南墙上嵌"听雨书屋"石额。书屋老楼已有 140 年历史,原为民国间"中国银行"扬州分行第一任行长蔡彭龄的第四进住宅,三开间两厢两层。天井中,长春藤、枸杞缘墙悬垂,绿竹掩映笋石,成竹石图画。偏东凿小池,植芭蕉,绿叶纯净,夜雨之时,雨落叶上,更衬托出小园清幽。

‖真赏园‖　园在湾子街灯草行戈宝樑住宅之西。戈宝樑为近代中国画家、尤以画马闻名四方的戈湘岚先生哲嗣。厅室内陈设清雅,壁间悬数幅骏马图。园中凿地成池,上架小桥,植树养卉,平添小桥流水人家之趣。池上倚墙又建半亭,题名"真赏",乃书家启功先生手迹。园之北墙开暗花窗数面,其间嵌民国时书家陈含光篆书"成趣"二字石刻。将两位书家题书连读,则成"真赏成趣"，增添了小园的人文趣味，亦见园主人构园布局之精心。

　　小园在池边对大门处，叠有湖石小山，紫竹掩映，予人开门见山的意境，同时也彰显一种文人的竹石气节。此外，园中还充分利用分割开的小块空地，栽植天竺、蜡梅、桂花、紫藤等等，园子虽然小，四时花常开。

　　‖滴翠园‖　园在甘泉路南城根（巷），原为破旧房屋，主人宗国强购而新之。门在巷之西侧，与寻常人家一样普通，门内天井、巷道、正厅、厢房等皆作古典建筑形式，规整、大气而精致。（厨、卫内部装饰时尚而精美）入门西行，一方小院北侧水池、叠石、花木一一展现，再南折又西，天井、巷道规整净洁，落地罩槅古朴清雅，两侧壁上，木雕精美，墙下砖栏上置幽兰数十盆。再西，有砖砌八角门，上嵌"和畅"石额，门外，又一天井小院，门边散置湖石一组，院内花木阴翳。院西有廊通入正厅。正厅陈设高雅，厅南天井青砖地面，南墙上嵌一砖雕"福"字，两侧嵌暗花窗，西暗花窗下，叠湖石花坛，石隙栽书带草，花坛中东侧植红枫，西侧一丛紫竹，掩映二三湖石。更有爬山虎藤藤蔓蔓，爬满墙壁，悬在墙檐。

　　‖箕山草堂‖　园在徐凝门元宝巷。园主许旭东取许氏先祖许由辞谢帝尧欲让天下，隐于箕山之下、颍水之阳的典故，而名其园，文化气韵浓郁。园在前厅后屋之间，中为砖砌通道，园东侧倚墙建廊三楹，墙上辟暗花窗三方，廊下铺大方砖，南北两端辟六角门。廊前栽花植树，点缀湖石、古井。园之西侧，凿小曲池，叠湖石山，建小花圃。西墙上攀满绿萝。

　　小园古色古香，开朗明净，而多韵味。

　　（二）城郊出现私家园林

　　自 20 世纪八九十年代起,城郊出现了一些私家园林。其中较有规模的,为武静园、涵碧园、玉龙花苑和甘泉山庄。

　　‖武静园‖　武静园在缺口河东之南段62号,20世纪80年代,由陈武先生、李静女士夫妇创建。十数年前二人先后去世,其子陈革继为园主,并有所增建。园占地近三亩,园门北向。门前建有牌坊,上额"武静园"三字,气势古朴。过牌坊南行数丈,阶沿渐起渐上,园门上石额"武静园",为书法家魏之祯所书。入门向南,地势步步升高,迎面有六角风亭立于坡上。亭檐匾曰"胜似春光",为齐白石弟子、书画家王板哉书。两侧抱柱联曰:"以少胜多,瑶草琪花荣四季;即小观大,方丈蓬莱见一斑。"为书画家李圣和所书。亭东,置湖石立峰;亭西,叠湖石假山,峰高四米,山麓凿有曲池,湖石驳岸,中蓄红鱼。沿池上汀步,可至石山峰后。山池正北数武,建"问月山房"小楼。小楼与东边高树森郁、峰石兀立的山坡,将入园坡道形成夹峙之势,使园之西部层楼、风亭、云廊、立峰、假山、曲池、花木之区,构成壶天之景。

　　离风亭往东数步,过一月洞门,即入园之东部盆景苑。苑之北端,建一三楹古典式小楼,上层檐下额曰"江月楼",为康有为女弟子萧娴所书。苑之东端,有带廊平屋三楹,苑内置雀梅、黄杨、枸骨、火棘、五针松、桧柏、榆桩等类盆景精品数十,其中亦多历次国内盆景展会金奖银奖作品。苑南建单面长廊九间,向西延至风亭及湖石山池之南,以屏障园外之旧厂房。东边廊下,南墙上砌什锦暗窗数面,上嵌浅刻砖雕,中间一幅为始建园者陈武、李静夫妇砖刻肖像。西头几间廊下,为陈革祖父及父母安息之处、墓碑及石雕墓塔,洋溢着"百善孝为先"的传统道德精神。

　　园内别具特色者二。其一,为古树森森。园门内东山坡上,有老槐两株,皆近百年之物。风亭东侧银杏一株,寿近八十。皆高十数米,碧叶漫天。江月楼东侧,一女贞,寿亦近百年,且树干有婀娜之势而又挺拔向上,为女贞古树中之罕见者。其二,园内古盆景收藏丰富。问月山房及江月楼上下等处,多贮海内明清以来各式古盆景精品,其古朴、浑厚、雅致之美,益增园内古典韵味,同时亦可见中国盆景艺术文化之源远流长。

数年前,园主于城南汤汪又拓建一武静园,园广二亩,凿池叠山,湖石山高 6 米,宽十数米,为城内武静园花木盆景基地。

‖涵碧园‖　涵碧园园门前有照壁,门厅建为歇山式,左置三米多高峰石,右建半廊,组合得极富气势而艺术,门额横匾“涵碧园”,为著名书法家刘艺草书。园内又分为小园、西园、主园、后园。入园后左折,经一海棠门而入小园,小园园小而景色丰富。一为半廊下置扬州八怪书画墨迹碑刻,二为凝翠轩小院,三为以花木和石材组合表现的四季和畅之景:以春兰、春梅、绿竹和笋石组合喻春,以夏鹃和高大绿树一组喻夏,以桂花、石榴、红枫与黄石假山组合喻秋,以南天竺、五针松、蜡梅组合而喻冬。四季景色,以墙稍隔,又以门相通。设计布局十分精心,又若不甚经意,自然而悦目。西园主景为香影楼,取清人王渔洋咏红桥“衣香人影太匆匆”诗意。楼前偏东处叠湖石假山,高近 5 米,沿假山磴道,可至楼上。由楼右折,经半亭入主园。半亭后接双面空廊,廊尽为天光阁,取宋人朱熹《观书有感》中“天光云影共徘徊”诗意。阁下楹联曰:“湖光山色,三月烟花来胜侣;斗酒双柑,四时风物待游人。”由联意,可知此阁为主人迎宾之所。主园中花繁木盛,最为人称道者,为一八百年紫薇,当是宋代之物,主干径围逾斗,高 4 米多。花时满树淡紫,如锦如绣。西侧一枝开花洁白,某年曾用银(白)薇嫁接过。

据说此株古老吉祥长寿紫薇,由南方深山辇运而至,十分珍异。主园东侧,湖石假山又突兀而起,峰高9米,山上磴道盘曲,上建一四面八方亭,山势蜿蜒起伏,止于山侧曲池岸畔。

后园在全园北侧。偏东处建紫气东来阁,巍峨高大,上下三层,立于一宽大白石平台之上。内部装饰典雅而又现代,有电梯可以上下。在三楼可凭栏观赏远近景色。后园中多古木寿藤,尤以香樟、石榴、枣树、银杏为多,达二百余株,其中一株银杏树龄已二百多年。计成《园冶》中云:"斯谓雕栋飞楹构易,荫槐挺玉成难。"涵碧园中,有如此之多古树名木,实在非常珍稀。

‖玉龙花苑‖　玉龙花苑在扬州城南汤汪九龙徐庄,是一座林木深秀颇有韵致的古典式山水园林。园广六亩有余,由东、中、西三园相连又逐层递进而构成。经过园主人朱玉龙先生十年建设,不断增饰,现今花苑无论在山水泉石的分布,竹树花木的培育,或在楼堂亭廊的设置,以及文化意蕴的营造方面,都能让人明显地感到它既能吸收扬州的、江南的古典山水园林的文化传统,又在诸多方面体现出新意。

择地三湾,因地制宜。自古"名园依绿水",讲求筑园的环境。花苑地处古运河三湾,仿佛运河水湾拥抱中的一块绿色翡翠。沿着运河看,文峰塔崇其北,高旻寺踞其南,花苑成了居中的重要景点,而将建成的三湾湿地公园,又延袤环护其四周,实在难得。它生辉于城南,填补了城南园林的空白。

就花苑具体园址来看,它依据地貌形态、地势高下,分为东、中、西三部分,依次筑成。东部前濒小河,地形方整,中部西南走向,狭长而弯曲,西部亦方整,面积达两亩余,为主景园区。然后则依地势高下,低则掘为曲池方沼,高则积土叠石成山,植竹树木,宜亭则亭,宜廊则廊,更起楼堂,点缀盆景,如此,一座清丽如画的山水园林就展现于眼前。

东、中、西三园相对独立,各有景致;又相连属,层层递进,渐行渐深,渐入佳境。玉龙花苑园门东向,入门为东园。东园东南隅有湖石山,山下曲池清波西流,穿行于一白石拱桥之下,潆洄于一座六角重檐待月亭前,止于园西南绿树荫中。园之北侧,东建长廊,中筑厅堂,曰"居安堂",前有抱厦,歇山顶。厅西连以短廊,廊南折再接一小厅。东园内建筑南疏而北密,长廊之后绿竹萧萧,竹间一湖石立峰,似人长揖,主人谓为"玉女迎宾"。堂前古木苍遒,高枝与檐翼相掩映。园中桃、柿果熟时节,群鸟争食;香橼黄时,满园芳馨,园景清嘉而多韵致。

东园西南隅辟有一月洞门,上额"玲珑",为进入中园之门。入门,随竹间双面空廊宛转而前,至一东向厅堂,门上悬"居仁乐苑"匾额,堂内陈设清雅,壁间多大家名人翰墨,堂前有绿竹掩映,古木苍茂,黄石高下参差其间。再向西南,路旁多榆桩、雀梅盆景。迎面而翼然者,为听雨亭。中园置景时疏时密,玲珑有致。伫立听雨亭前,透过亭西短墙上月洞门和面面什锦空窗,已隐约可见西园山水竹树楼堂。

一入西园,天地豁然开朗,紧贴中西园间花墙,植满翠竹,竹前建南北走向长廊,廊西凿地为曲池,池西水际叠湖石山,山之西建一三楹南向厅堂,堂之明间檐外悬"兰香雅室"横匾,堂内陈设多古典韵味,为迎宾饯客之所。堂后曲池之北,有单面廊环绕遮护,堂内外有春兰盆盆,清雅芳馨。西园南侧,面堂而立者为峰高峦起之黄石山,山中东有小楼曰"凝玉",西有高楼曰"景曦",山间有爬山廊起伏高下连接于两楼之间。沿廊漫步,有置身山中之感。景曦楼南园墙转角之黄石山上，有一亭耸立，为眺望园外古运河三湾湿地风光佳处。山中道路盘纡，木荫藤悬，山麓置五针松盆景数十，一派苍翠。园西北曲廊之西，有便门通园后花木苗圃。

重视文化意蕴的营造。花苑除厅堂楼廊的匾额楹联皆为名家翰墨之外，还藏有许多书画大家名家作品，如吴湖帆、秦剑铭的山水，康宁、李嘉存的花鸟，舒同、萧娴、沈鹏的书法，以及演艺界孙道临、陈述、仲星火的题赠。这些字画，见于匾额，悬于楹柱，陈列堂壁，使花苑山池花木间氤氲着浓郁的文化情韵。同时，花苑还常有书画家、演艺家、作家、诗人们的雅集活动，扬州、镇江两市作家协会"双城记"的笔会，就曾在花苑进行。

花艳果香，竹树苍深，为花苑一大特色。花苑多花，迎春、棠棣、碧桃、紫荆等等，皆应时开放。苑内四季有花，处处有花，亭前有梅，廊畔有兰，池中有睡莲，堂后有蜡梅。更见绿竹丛丛，垂柳临水，金桂、芭蕉、红叶李、海桐处处掩映。苑中还多大树，居安堂、兰香雅室前有近百年之枫杨，居仁乐苑前有高大之香橼，园后圃中还有四百年的枸杞。果树以东园为多，桃、柿、石榴、香橼、蜜橘等等，果实成熟时节，都缀满枝头，沉沉甸甸，令人乐见。花苑内更多盆景，高低参差置于镂空的青石座架上，榆桩、雀梅年代久远，夭矫而古朴，柏树、五针松造型别致，遒劲而苍润。它们分布于东、中、西三园，总数达三百盆之多。令人称奇者，一厅堂内，还有一段数十万年松木化石，其木质纹理状如鸟羽，形似鳞甲，十分罕见。

玉龙花苑，有堂三、亭三、楼二、桥二，宛转迭落之廊近二百米，湖石山二、黄石山一，湖石、灵璧、立峰若干，大小池二，这些山石池泉、飞檐翼角尽在繁花高树掩映之中。

‖陈园‖　在扬州北郊邗江区甘泉街道长塘村，园近百亩，其中凿池叠石,绿树荫翳,楼台亭榭等建筑一万三千余平方米,为大型古典式山水园林,陈建先生营建十年始成,以此称陈园。

园景依地域分为南园、东园和西园。

山庄大门南向,面阔五楹,屋宇式,歇山顶。门前一对石狮,为明代旧物。门之西南侧,有太湖石立峰"碧云",高六米余,雄浑嶙峋,迎人而立。入门,为南园,多古木,尤以数株古罗汉松,苍翠蔽空。东西两边建客舍院落,皆辟月洞门,东额"延月",西额"迎曦"。北去不远,土坡上建"蜀冈烟雨楼",楼体下七(楹)上五(楹),歇山式,上层南、下层北皆建白石平台。楼之东、北、西三面临水,池岸曲折,碧波潋滟于坡岸树石之间。偏西水上,架石梁三折达于北岸。楼西,水上有屿,屿上竹树间有亭名"临濠",皆为观水佳处。

楼北隔水,分别为东园和西园。

东园最南为一徽派楠木大厅,东西七楹,阔 18 米,进深 11 米余,正梁直径 0.6 米。由皖南山区某状元家族祠堂搬迁来扬,重新组装而成,宏敞浑朴,檩枋雀替等雕刻,古雅淳厚,可称邗上第一楠木大厅。厅北庭院开阔,中央一湖石"青云峰"兀立,高 5 米余,奇崛峭拔,透漏多姿。两侧古银杏各一,胸径一为 1.4 米,一为 1.2 米,青苍古朴,寿近千载。东西两端花坛中,金桂、石榴等花木,长势亦盛。庭院之北,建筑为三路三进,东、中、西三门口两侧,皆立石雕瑞兽,门额上砖雕精美,古典人文气韵浓郁。三路建筑中,中路建大厅,环置三层客舍数十间,融传统建筑形式与现代生活设施为一体。而东西两路的南北两端,各藏一座徽派古朴精美小楼,楼之梁柱、门窗、裙板等,雕满吉祥花卉、珍禽瑞兽、戏剧人物和历史故事。此四座小楼,亦多年前自皖南购运而至。东路门内小木楼南墙上,砌嵌徽派砖雕"百子闹春图"。画面上,山水花木楼台间，数百童子舞龙、踢球、抬桃、提灯等等，尽情嬉戏，神态毕现。线条圆熟，刀工精细。面积 20 平方米，盖满一墙。别墅西北及西、北外墙门楼，砖雕亦十分精美。北部院内，有黄石与湖石叠石各一，亦多银杏、香樟、广玉兰等树木。

西园为扬州传统宅园。平面分东、中、西三路，住宅在东西两路，园在中路及东路南部。东路由南而北，依次为门厅、园林、住宅三进，皆阔五楹，后进为楼屋。过门厅即见小园，东西两侧筑抄手廊，双面空廊形制。东廊中段设一六角重檐亭，亭南院墙转角处，筑湖石小山。亭之北侧，一罗汉松高 8 米多，胸径 0.6 米，劲健苍翠，寿在四百年以上，当为明代物。以其位于亭北，亭则取名"看松"。于亭中看松之凌霜傲雪之姿、冬夏常青之色，会获得一种品格的启示。小园内花木繁盛，西廊之西即为中路大园。

中路宽广。最南为古香书屋小院。小院外与烟雨楼西景色相接，月洞门东向，内建读书楼三楹，坐西朝东，歇山顶式。东南院墙内建有曲廊，廊下壁间嵌砖刻浅雕人物十块，古朴雅致。院内高树成荫，中央立一湖石小峰，高两米有余，瘦秀多姿。喻"他山之石，可以攻玉"，即读古今圣贤大家之书，可为己助。院之北墙，砖砌空花，墙前植竹叠石如画，北墙东偏辟海棠门，上额"古香书屋"。出门，地势渐起，沿小径可至坡顶"待雨亭"。园中置此亭，其义有二：其一，府志载，乾隆七年，甘泉县令张宏运于甘泉山上筑灵雨台。嘉庆十二年春，旱。两淮盐政阿勒布祷于台，求雨辄应。今园中建此亭，亭中悬一钟，以纪其事。其二，"待雨"者，"待友"也。于此亭中等待旧友新知，共赏山水清芬。亭侧置青石几凳，即供其小憩清谈。亭北有池，池东南临水，有紫薇水榭，榭侧一紫薇树，寿在四百年以上，主干屈曲婀娜，若婆娑舞娘，其姿形之美，为江南园林所罕见,榭亦因之得名。榭北,沿池岸边高下叠石小径,过琴台,至知鱼涧。涧在水池东北水湾处,池水于此过桥北流,桥上构亭,掩蔽水尾。于此倚栏看水观鱼,多置身物外之乐。

池之西岸,偏南水上,筑一船舫。舫之北,沿曲廊,可入"汲古泉榭",榭东临水一面设美人靠,榭内西墙下有井。府志载,甘泉山有井,名甘泉,或即指此。西墙上嵌"甘泉"碑石,井中泉水甘洌,榭中有联曰:"山上甘露比中泠;檐下泉液若惠山。"于此,可以烹茶煮茗,可以观景,可以清心。汲古泉榭之北,为池西北水湾处,有半亭,名"友柏",亭后古柏二,青苍挺健。"友柏"者,为柏与柏青翠交柯相伴为友,古柏与亭中人亦为友,故名。亭前有联曰:"却看风雪润古木;欲留苍翠待后人。"

池之北岸,为汇锦阁,阁三楹两层,歇山式顶,上下宽廊,围以木栏,南建白石平台,枕于池水。阁为园中最高建筑,下层明间檐下匾曰"汇锦阁",上层檐下匾曰"镜涵万象",凭栏南望,园中亭榭,花木泉石,池中白云、飞鸟、日月,园外村舍、田稼,及望中江南青山,似皆一一汇于阁前。园中池逾半亩,中植芰荷养鱼,夏日,碧叶翻浪,香远益清。池中小岛上植梅,名梅屿。梅间立湖石七峰,布列如北斗,池四周湖石高下如诸星宿拱卫北斗,府志说,甘泉山上峰峦起伏,"七峰连络如(北)斗,平地错落诸圆冈,凡二十八,如星宿拱斗然"。今园中凿池叠石,开岛树峰,即取名"七峰山池",以应府志所记。

陈园,将徽派建筑与扬州传统宅园组合为一,将甘泉地域历史文化凝聚于山水建筑之中。园内多古树名木,建筑上多精美木雕、石雕、砖雕,室内多传统旧式家具。为改革开放以来,扬州私家营造的最具规模的一座古典式山水园林。